Ein einheitliches Motorwähler-Fernsprechsystem für Orts- und Fernverkehr

Von

Max Langer

Berlin

Mit 48 Abbildungen im Text

Berlin / Göttingen

Springer-Verlag

1948

ISBN-13: 978-3-540-01333-4   e-ISBN-13: 978-3-642-92521-4
DOI: 10.1007/978-3-642-92521-4

Vorwort.

Der Fortschritt in der Wählertechnik ist heute nicht mehr so stürmisch wie in den ersten Jahren der Entwicklung am Anfange dieses Jahrhunderts, sondern verläuft erheblich ruhiger. Trotz dieser ruhigeren Entwicklung sind doch erhebliche Fortschritte vorhanden, die aber meistens eine beträchtliche Zeit, im allgemeinen etwa 10 Jahre und teilweise noch mehr, zu ihrer Anerkennung bedürfen. So hat sich in den letzten Jahren auf Grund vieler Fortschritte und überzeugender Beweise in der Praxis die Wählertechnik den Fernverkehr erobert, nachdem schon vor mehr als zwei Jahrzehnten das erste selbsttätige Fernamt der Welt mit einer Netzgruppe dem öffentlichen Verkehr übergeben worden war. Die Einführung der Wählertechnik in den Fernverkehr ist als ein bedeutender Markstein anzusehen, denn früher wurde diese Entwicklung als ganz unwahrscheinlich und teilweise sogar als unmöglich betrachtet.

Einen weiteren wichtigen Fortschritt in den letzten 15 Jahren und einen bedeutenden Markstein in der Entwicklung der Wählertechnik stellt die Einführung des Motorwählers dar, der eine grundsätzlich neue Antriebsart in diese Technik hineinbrachte, indem die frühere harte Arbeitsweise durch eine vollkommen elastische ersetzt wurde. Durch den Motorwähler mit seiner Anpassungsfähigkeit wird aber nicht nur die Technik, sondern auch ihre Wirtschaftlichkeit auf eine ganz neue Grundlage gestellt. Aus diesem Grunde stehen Motorwähler heute mit im Vordergrunde des Interesses, und es erscheint deshalb berechtigt, die Anwendung der Motorwähler mit allen ihren Vorzügen und Eigenarten in einem besonderen Buch eingehend zu behandeln.

Berlin, im August 1947.

Der Verfasser.

Inhaltsverzeichnis.

1. Die Vervollkommnung der Schrittwählersysteme.

Die Schrittwählersysteme mit ihrem eigenen Wählerantrieb und ihrer unmittelbaren Steuerung der Wähler haben gegenüber anderen Wählersystemen mit Fremdantrieb und mittelbarer Wählersteuerung den großen Vorzug der Einfachheit, Übersichtlichkeit, Verständlichkeit und Wirtschaftlichkeit in Anschaffung und Instandhaltung; außerdem sind sie leicht anpassungsfähig und lassen sich ohne weiteres unbegrenzt erweitern und weitest gehend unterteilen. Sie sind Sofortsysteme mit Beseitigung jeder vermeidbaren Wartezeit, arbeiten daher ohne jede Verzögerung, sind stets wahlbereit und geben nach vollendeter Wahl sofort ein Hörzeichen. Sie eignen sich gleich gut für große und größte wie auch für kleine und kleinste Anlagen.

Eine weitere Vervollkommnung dieser Schrittwählersysteme besteht in der Einführung der Motorwähler. Der Motorwähler ist ein Schrittschaltwähler mit großer Geschwindigkeit, der sowohl Einzelschritte als auch beliebig große Schritte bei jedem einzelnen Stromstoß während der Dekadenwahl ausführen kann. Er arbeitet in einer ganz neuartigen und überraschenden Weise vollkommen elastisch, ohne harte Anschläge und daher ohne besondere Raumgeräusche und praktisch ohne Kontaktgeräusche in den Sprechleitungen. Er ist trotzdem einfach, hat nur eine Drehbewegung und kann mit beliebig vielen Kontaktarmen ausgerüstet werden.

Der charakteristische Antriebsmotor besteht aus einem besonders geformten Weicheisenanker als Rotor und aus zwei um 90° versetzten Elektromagneten als Pole, entsprechend Abb. 1, die die Anordnung in grundsätzlicher Darstellung zeigt. Die Form des Ankers mit zwei Hauptpolen und zwei Hilfspolen ist so entwickelt, daß in jeder Ankerstellung ein möglichst gleichmäßiges Drehmoment entsteht. Die Elektromagnete werden abwechselnd entsprechend der Bewegung des Ankers von Motorkontakten ein- und ausgeschaltet. Die Umschaltung der Magnete durch die Motorkontakte wird durch eine auf der Ankerachse befestigte Unterbrecherscheibe verursacht. Wenn bei der Einstellung ein Hauptpol des Ankers in die Nähe der Elektromagnete kommt, so daß das Drehmoment kleiner wird, so wird der betreffende Elektromagnet aus- und der andere eingeschaltet, wodurch wieder ein neues großes Drehmoment zunächst über den Hilfspol entsteht. Der Motor arbeitet so mit Selbststeuerung mit etwa 3000 Umdrehungen je Minute. Abb. 2 zeigt den Motor. Die Umdrehungen der Motorachse werden durch Trieb und Zahnräder mit einer Übersetzung von 1 : 25,5 auf die Schaltarme übertragen derart, daß eine Bewegung des Ankers von Pol zu Pol eine Bewegung der Schaltarme von Kontakt zu Kontakt entspricht. Das Kontaktfeld besteht aus zweimal 51 gegeneinander versetzten Kontaktgruppen, die von zwei um 180° versetzten Schaltarmen überlaufen werden. Die Kontaktgruppen bestehen aus den Kontakten für die Sprechleitungen und aus den Kontakten für die Zeichenleitungen. Die Kontakte für die Sprechleitungen sind mit den Kontakten für die Zeichenleitungen aus übertragungstechnischen Gründen, um Überhören zu vermeiden, zweckmäßig gemischt.

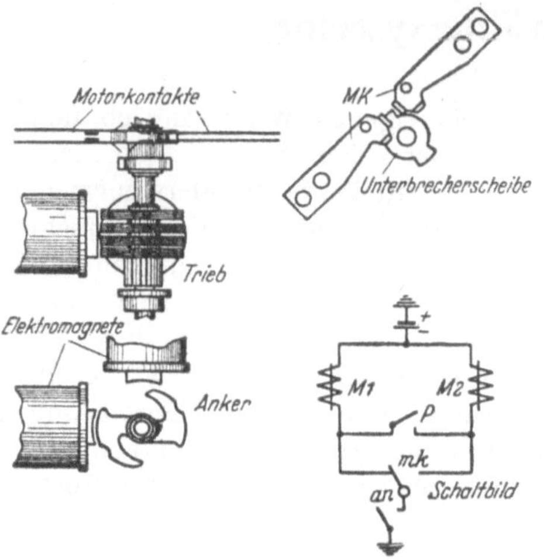

Abb. 1.
Antriebsmotor mit Schaltung in grundsätzlicher Darstellung.

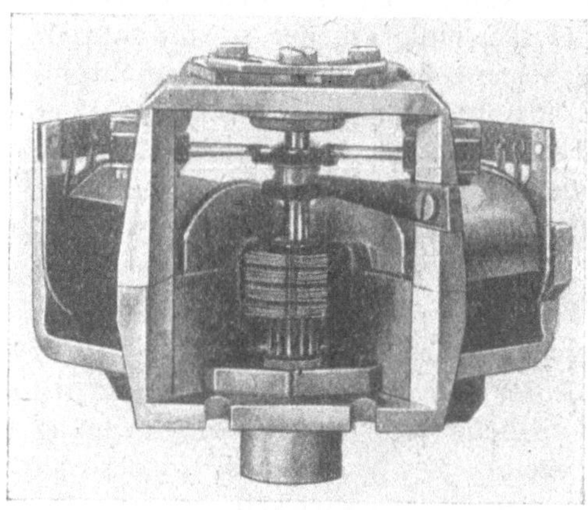

Abb. 2. Antriebsmotor.

Beim Ingangsetzen des Motors werden zuerst beide Elektromagnete des Motors durch Kurzschluß des Unterbrechers unter Strom gesetzt, wodurch der Anker zunächst in seiner Lage festgehalten wird. Dann wird der Unterbrecherkurzschluß aufgehoben, worauf die Drehung sofort mit voller Geschwindigkeit erfolgt. Die Stillsetzung des Motors wird nicht durch Ausschalten der Elektromagnete bewirkt, sondern durch Verhinderung der Umschaltung der Magnete mittels Überbrückung oder Kurzschluß des Unterbrechers und damit Einschalten beider Magnete gleichzeitig, wodurch die

Stillsetzung sofort elastisch und erschütterungsfrei erfolgt. Überraschend bei diesem Motor ist der sofortige Anlauf mit voller Geschwindigkeit und die augenblickliche Stillsetzung, die nur 1 bis 2 ms benötigt. Die Steuerung des Motors für Einzelschritte und beliebig große Schritte ist gleichartig, verhältnismäßig einfach und erfolgt mit Hilfe eines Steuerarmes und einer Taktrelaisgruppe, wie es noch beschrieben werden wird.

Abb. 3 zeigt einen Motorwähler mit 8 Schaltarmen für Vierdrahtdurchschaltung im Fernverkehr. Das Einstellglied mit dem Antriebsmotor ist auf einem besonderen Gestell befestigt und ist auswechselbar. Die Vielfachschaltung der Kontaktbänke erfolgt mit Bandkabel, die geschützt zwischen den Lötschwänzen der Kontakte gelagert werden, wodurch die Lötstellen frei und zugänglich bleiben.

Von vornherein sind Drehwähler einfacher als Hebdrehwähler. Demzufolge hat man vielfach versucht, an Stelle der Hebdrehwähler einfache Drehwähler in den Schrittschaltsystemen als Nummernempfänger zu verwenden. Die Drehwähler

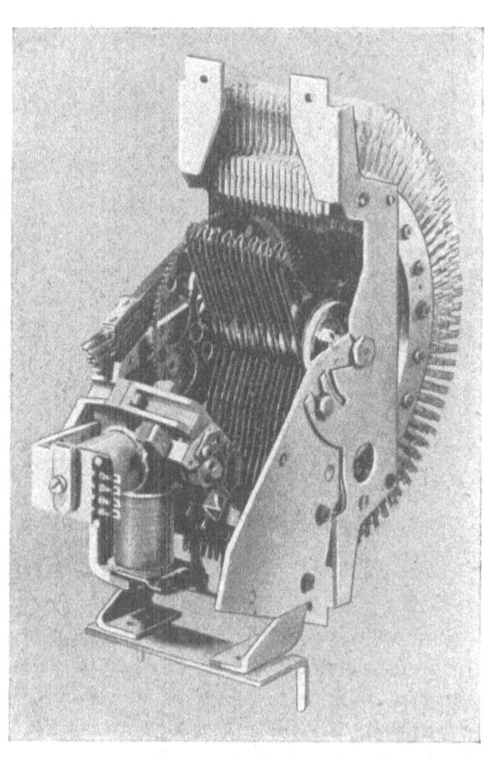

Abb. 3.
Motorwähler für Vierdrahtdurchschaltung der Fernleitungen

müssen aber bei der Dekadenwahl 10 Schritte bei jedem Stromstoß ausführen oder 10 Kontakte überlaufen, was bisher eine nicht zu überwindende Schwierigkeit bereitete. Man hat zwar Drehwähler mit großer Geschwindigkeit geschaffen, doch befriedigten sie in mancher Beziehung nicht, und hat Drehwähler mit großen und kleinen Schritten mit zwei Schaltwerken entwickelt, wodurch wieder die Einfachheit in Frage gestellt wurde. Alle diese Bestrebungen führten nicht zu einer alles befriedigenden Lösung. Erst der Motorwähler ermöglichte die gewünschte einfache Lösung, wobei die schnelle

Ingang- und Stillsetzung sowie die Geräuschfreiheit trotz seines schnellen Arbeitens ganz überraschend sind.

Man hat auch versucht, Hebdrehwähler durch diesen Motor anzutreiben, entweder nur mit einem Motor, der vom Heben auf Drehen umgeschaltet wurde, oder durch zwei Motoren ohne Umschaltung für Heben und Drehen, doch gehen diese Lösungen auf Kosten der Einfachheit. Abb. 4 zeigt einen derartigen Viereckwähler mit Motorantrieb. Als Motorwähler ist der einfache Drehwähler technisch und wirtschaftlich die gegebene Betriebsform.

Abb. 4. Viereckwähler mit Motorantrieb.

Der Motorwähler, mit seinem eigenen Antrieb des Einstellgliedes durch den besonderen, diesen Aufgaben angepaßten Motor, ermöglicht eine neuartige Technik von elektromagnetischen Schaltvorgängen, die viele Vorzüge aufweist. Während in den bekannten Schrittwählersystemen kräftige Elektromagnete die erforderlichen Schaltvorgänge schnell mit großer Geschwindigkeit ausführen, wobei die Bewegungen der Magnetanker nach der Fortschaltung des Einstellgliedes durch harte Anschläge begrenzt werden und die lebendige Kraft vernichtet wird, wird ein derartiges hartes Arbeiten beim Motorwähler grundsätzlich vermieden. Alle Schaltvorgänge erfolgen im Gegensatz dazu weich und elastisch ohne Stöße und Schläge. Die lebendige Kraft wird nicht durch Anschläge, sondern durch magnetische Zugkräfte vernichtet. Unter Ausnutzung seiner besonderen Eigenschaften, seiner schnellen Arbeitsweise und seiner einfachen Anpassung an verschieden großen Ausbau, wird ein Schrittwählersystem mit Motorwählern technisch äußerst hochwertig und sehr wirtschaftlich. Man erhält ein System mit allen Vorzügen der Schrittwählersysteme, das aber noch folgende weitere besondere und bedeutende Vorzüge umfaßt:

1. Schnelles und trotzdem geräuscharmes Arbeiten ohne Kontaktgeräusche in den Sprechverbindungen mit größeren Zeitsicherheiten zwischen den Stromstoßreihen als bisher.

2. Größere Unabhängigkeit der Wählersteuerung vom Stromstoßverhältnis als bisher und daher geringeren Einfluß von Stromstoßverzerrungen.

3. Kleine Kontaktwiderstände bei entsprechendem Frittstrom, dessen Größe beliebig genommen werden kann.

4. Einheitliche Wähler für alle Zwecke sowohl im Orts- als auch im Fernverkehr bei vieradriger Durchschaltung der Fernleitungen.

5. Geringer Preis, bei Ersparnis an Werkstoffen und Lohnstunden durch besonderen Systemaufbau, wie noch gezeigt werden wird.

6. Geringere Aufwendungen für die Instandhaltung als bisher, da weniger Pflegestellen vorhanden sind und keine Pflege der Kontaktbänke erforderlich ist.

Zu diesen einzelnen Vorzügen ist im besonderen mit Rücksicht auf ihre Bedeutung folgendes zu sagen:

Zu 1. Die Motorwähler arbeiten sehr schnell und überlaufen je Sekunde 160 bis 200 Kontakte. Der Anlauf und die Stillsetzung des Einstellgliedes durch den Motor erfolgen trotz der großen Geschwindigkeit mit überraschend geringen Schaltzeiten und außerdem weich und elastisch ohne harte Stöße oder Anschläge, so daß keine besonderen Erschütterungen entstehen. Es ergibt sich ein sehr ruhiges und erschütterungsfreies Arbeiten, wodurch praktisch keine Beeinflussungen der Kontakte in den Sprechverbindungen und daher keine Kontaktgeräusche entstehen. Das schnelle und trotzdem weiche und geräuscharme Arbeiten der Wähler ist ein besonderes Kennzeichen dieser neuartigen aber schon erprobten Technik. Durch das Vermeiden harter Stöße oder Anschläge treten keine großen Beanspruchungen der Werkstoffe auf und daher keine Veränderungen der Wählerteile, so daß sich nur sehr geringe Abnutzungserscheinungen und deshalb eine große Lebensdauer ergeben. Die Anforderungen, die an die Werkstoffe gestellt werden, sind daher gering. Durch die große Geschwindigkeit des Motorwählers sind zwischen den Stromstoßreihen größere Zeiten als bisher vorhanden, so daß die verschiedensten Arten von Umsteuervorgängen mit größeren Zeitsicherheiten erfolgen können. Mischwähler (MW) bedürfen deshalb keiner Voreinstellung, und vollkommene Bündel können daher ohne weiteres in allen Wählerstufen besonders im Fernverkehr verwendet werden.

Zu 2. Die Steuerung des Motorwählers der verschiedenen Wählerarten und Anschlüsse mit Hilfe eines besonderen Steuerarmes ist gleichartig, verhältnismäßig einfach und praktisch unabhängig vom Stromstoßverhältnis, weil die Nummernstromstöße nicht die Stromzeiten der Motormagnete bestimmen. Bei der Stromstoßgabe werden zuerst beide Motormagnete durch Kurzschluß des Unterbrechers unter Strom gesetzt und dadurch das Einstellglied festgehalten, worauf die Stromstöße den Kurzschluß aufheben und damit den Motor in seinem Lauf freigeben. Die Stillsetzung erfolgt in allen Fällen nicht durch Ausschalten, sondern durch Kurzschluß des Unterbrechers und damit Erregen beider Motormagnete, wodurch das Einstellglied ohne harte Anschläge elastisch festgehalten wird. Der Motor wird daher nur angereizt und stillgesetzt, was unabhängig vom Stromstoßverhältnis geschieht und nur durch geringste Strom- und Pausenzeiten gewährleistet wird. Die zulässigen Abweichungen der vielen verstreuten Sender, der Nummernschalter, können wegen der Unabhängigkeit vom Stromstoßverhältnis größer zugelassen werden, so daß sich die Instandhaltung vereinfacht. Da die Wählereinstellung unabhängig vom Stromstoßverhältnis ist, haben Stromstoßverzerrungen nur einen kleinen Einfluß. Stromstoßentzerrer sind daher nur in geringem Umfang erforderlich. Wenn aber bei vielen Übertragungen unter Umständen Stromstoßentzerrer wünschenswert werden, können diese sehr einfach gehalten werden, da sie nur auf geringste Strom- und Pausenzeiten zu arbeiten brauchen.

Für die Steuerung bei der Dekaden-, Frei- und Einerwahl wird der Steuerarm verwendet, der die Einstellung des Einstellgliedes entsprechend der Nummernwahl regelt und der im LW in einfacher Weise auch die Auswahl freier Leitungen bei Mehrfachanschlüssen und Wählsternschaltern, die Durchwahl bei Wählsternschaltern und Gemeinschaftsanschlüssen und Zählunterdrückung bei Dienststellen ermöglicht.

Zu 3. Die Kontaktwiderstände können durch entsprechenden Frittstrom beliebig geregelt werden. Da mit zunehmendem Frittstrom die möglichen Kontaktwiderstände abnehmen und die Erschütterungen klein sind, kann der Frittstrom ohne Nachteile verhältnismäßig groß gewählt werden, wodurch sich die sonst unter Umständen mit zunehmender Betriebsdauer auftretenden hohen Kontaktwiderstände ganz erheblich vermindern lassen.

Zu 4. Motorwähler können einheitlich für alle Zwecke im Wählersystem wie AS, GW, LW und MW sowohl im Orts- als auch im Fernverkehr und auch für Nebenstellen- und Betriebsanlagen verwendet werden. Es ergibt sich ein gleichartiger Aufbau der Wählersysteme für alle Zwecke, wobei die Kontakt- und Armzahl der Wähler den jeweiligen Bedürfnissen angepaßt werden kann. Motorwähler lassen sich leicht mit mehreren Kontaktarmen und einem größeren Vielfachfeld ausrüsten, so daß sie sowohl für zwei- und vieradrige Durchschaltung der Leitungen als auch für mehrere Gruppen von Anschlüssen zu verwenden sind. Eine Anpassung der nur elektrisch unterteilten Dekaden an verschiedenen Verkehr ist wohl möglich, aber nicht empfehlenswert, weil sich der Verkehr ständig ändert und eine häufige Änderung der Dekadeneinteilung unzweckmäßig ist.

Zu 5. Die erforderlichen Anlagekosten für Schrittwählersysteme mit Motorwählern sind beim Aufbau unter Berücksichtigung der Anpassungsfähigkeit der Motorwähler an verschieden großen Aufbau unter Erfüllung aller Forderungen des Orts- und Fernverkehrs trotz der vielen Vorzüge bedeutend geringer als bei anderen Systemen, wodurch erheblich an Werkstoffen und Arbeitsstunden gespart wird. Man erhält bei geringeren Aufwendungen höherwertige Systeme.

Zu 6. Die Amtspflege ist sehr einfach. Da die Wählerbeanspruchungen klein sind, treten wenig Veränderungen und nur geringe Abnutzungen auf. Es werden deshalb nur wenig Ersatzteile zum Auswechseln benötigt und wird nur eine geringe Pflege erforderlich. Der Bedarf an Wählerpflege ist nur etwa $1/5$ bis $1/10$ derjenigen anderer Wähler, wozu noch die Ersparnis der Pflege der Kontaktbänke hinzukommt, die beim Motorwähler nicht erforderlich ist, weil die Kontaktwiderstände durch größeren Frittstrom klein gehalten werden können und keine störenden Erschütterungen vorkommen. Da auch, wie schon erwähnt, bei der Pflege der Nummernschalter größere Abweichungen zulässig sind, ermäßigen sich auch die Instandhaltungskosten dafür. Die jährlichen Betriebskosten werden erheblich kleiner, weil sowohl Anlage- als auch Instandhaltungskosten sinken.

Ein Einwand, der mitunter gegen den Motorwähler wie gegen jeden Drehwähler erhoben wird, ist die gegenüber dem Hebdrehwähler scheinbar geringere Übersichtlichkeit seines Kontaktfeldes, weil die Dekaden' hintereinander liegen. Dieser Einwand hat aber keine Bedeutung, denn wie beim Hebdrehwähler zur besseren Übersicht eine Bezeichnung der Stellung durch Zahlenschilder eingeführt ist, so wird auch am Motorwähler eine Bezeichnung angebracht, die die Stellung des Wählers ohne weiteres in gleicher Weise leicht erkennen läßt. Außerdem ist dies nur eine Angelegenheit der Gewöhnung.

Die Verwendung des Motorwählers setzt wegen seiner Größe und der einheitlichen Technik AS voraus. AS sind im allgemeinen technisch nicht so vorteilhaft wie VW. Da sich aber der Motorwähler als AS infolge seiner hohen Geschwindigkeit sehr schnell einstellt und das Wählzeichen der Nebenstellenanlagen wegen stets vorhanden ist, werden Nachteile durch die gelegentlich etwas längere Laufzeit in der Vorwahlstufe nicht eintreten.

Überblickt man diese vielen Vorzüge, die von erheblicher technischer, betrieblicher und wirtschaftlicher Bedeutung sind, so ist die Einführung der Motorwähler mit ihrer grundsätzlich neuen Arbeitsweise nicht nur äußerst zweckmäßig und sehr empfehlenswert, sondern bedeutet einen fundamentalen Fortschritt der Technik. Durch den Motorwähler ist bewiesen, daß ein Schrittwählersystem ohne harte Anschläge und deshalb ohne Erschütterungen sogar ohne Aufwendung von zusätzlichen Mitteln und ohne Opferung von anderen Vorteilen gebaut werden kann. Die Vollkommenheit der Schrittwählersysteme wird daher durch die Einführung der Motorwähler noch weiterhin erheblich gesteigert, nicht nur technisch, sondern auch wirtschaftlich, was durch die Anpassungsfähigkeit der Motorwähler an verschieden große Gruppen erreicht wird, wie es noch gezeigt werden wird.

2. Ein Motorwählersystem.

Motorwähler haben gegenüber den Hebdrehwählern manche technischen und betrieblichen Vorteile, wie es im ersten Abschnitt gezeigt wurde, sie haben aber den Nachteil, daß gewöhnliche Motorwählersysteme größere Anschaffungskosten als Hebdrehwählersysteme erfordern, was für die allgemeine Einführung der Motorwähler recht hinderlich ist. Motorwähler selbst sind zwar billiger als Hebdrehwähler gleicher Größe, jedoch erfordert ihre Steuerung einen größeren Aufwand an Schaltmitteln, wodurch der Unterschied entsteht. Es fragt sich aber, können nicht in irgendeiner Weise durch besondere Ausnutzung ihrer guten Eigenschaften die Gesamtkosten soweit herabgesetzt werden, daß ein Motorwählersystem nicht teurer als ein Hebdrehwählersystem wird?

Bei eingehender Prüfung dieser Frage findet man, daß sich einige Eigenschaften der Motorwähler zur Herabsetzung der Kosten gut verwenden lassen; einmal ist es die einfache Anpassung an verschiedene Betriebsverhältnisse durch Ausbau mit einer größeren Zahl von Kontaktarmen und von Kontakten, zum anderen die große Geschwindigkeit. Der Motorwähler läßt sich sowohl als 100-kontaktiger Wähler in Zwei- und Vierdrahtschaltung als auch als 200-kontaktiger Wähler in Zweidrahtschaltung verwenden. Unter je einem Kontakt versteht man hierbei stets eine Gruppe von Kontakten, bestehend aus Kontakten für Sprech- und Prüfleitungen je angeschlossener Leitung; im Ortsverkehr gewöhnlich Gruppen von drei, im Fernverkehr Gruppen von mindestens sechs Einzelkontakten mit ebensovielen Kontaktarmen. Durch seine große Geschwindigkeit ist die Einschaltung von Mischwählern ohne Voreinstellung und von Anrufsuchern mit einer größeren Zahl von Kontakten ohne weiteres möglich. Eine allgemeine Verwendung 200-kontaktiger Wähler in allen Wählerstufen würde aber nach früheren Untersuchungen[1]) nicht immer eine Gesamtkostensenkung, sondern in vielen Fällen eine Kostensteigerung bedeuten, weil wohl weniger Wähler erforderlich, diese aber durch die größere Kontaktzahl teurer werden, so daß dadurch die Ersparnis an Wählern mehr als ausgeglichen wird. Es dürfen daher derartige 200-kontaktige Wähler nur dort verwendet werden, wo damit wirklich eine Kostensenkung erreicht wird, was nur in den kleineren Gruppen der Vorwahl- und LW-Stufe der Fall ist. Aber auch an dieser Stelle empfiehlt sich wegen des erforderlichen Aufwandes nur eine teilweise Verwendung 200-kontaktiger Wähler. Wegen seiner hohen Geschwindigkeit kann der Motorwähler auch als AS mit größerer Kontaktzahl, aber auch wieder nur aus wirtschaftlichen Gründen mit teilweiser Verwendung von 200 Kontakten benutzt werden.

Um wirtschaftliche Vorteile zu erreichen und die Zahl der erforderlichen Wähler zu verkleinern, muß man kleine Gruppen zu größeren zusammenfassen. Das kann in der Vorwahl- und LW-Stufe in verschiedener Weise geschehen, wobei aber die Zusammenfassung nur soweit erfolgt, wie es zur Erreichung des Zweckes unbedingt erforderlich ist. Die Zusammenfassung erspart Wähler, die dafür erforderlichen größeren Wähler werden aber nur in einer gemeinsamen Gruppe für den Spitzenverkehr vorgesehen. Mehrere derartige Ausführungen sollen untersucht werden. Ein Motorwählersystem dieser Art zeigen die Abb. 5, 6 und 7, das jetzt erläutert werden soll, bei dem aber noch verschiedene Vereinfachungen Anwendung gefunden haben.

I. Ausführung.

Die Vorwahlstufe.

Die Verwendung von gewöhnlichen Schrittschaltwählern in der Vorwahlstufe, z. B. als Vorwähler (VW) oder auch als Steuerschalter sollte grundsätzlich in einem Motorwählersystem vermieden und es sollten allgemein nur Schaltwerke mit elastischem Motorantrieb

---

[1]) Langer: „Studien über Aufgaben der Fernsprechtechnik", Verlag Oldenbourg, München.

verwendet werden, um an allen Stellen eine erschütterungsfreie
Arbeitsweise durchzuführen. Wollte man VW mit Motorantrieb
verwenden, so würde die dadurch erreichbare größere Geschwindigkeit keinen Vorteil bringen, weil VW schon schnell genug arbeiten.
Man würde nur die elastische Arbeitsweise mit erhöhtem Aufwand
an Schaltmitteln erkaufen. Wenn aber Anrufsucher (AS) in Betracht
gezogen werden, so sind bedeutende Vorteile durch die größere
Geschwindigkeit des Motorantriebes zu erreichen. 100-kontaktige
AS mit Schrittschaltantrieb benötigen zu ihrer Einstellung eine
maximale Zeit von 2,5 s, was auch unter Berücksichtigung des
Wählzeichens recht groß ist. 100-kontaktige AS mit Motorantrieb
benötigen bei voller Geschwindigkeit nur 0,5 s zur Einstellung. Man
könnte sogar auf die Einstellzeit der VW von 0,25 s kommen, wenn
die Schaltarme verdoppelt werden, was aber nicht erforderlich ist.
Im Gegenteil, man kann ruhig eine maximale Einstellzeit von 1 s
zugrunde legen, ohne Schwierigkeiten befürchten zu müssen, wodurch erleichterte Bedingungen für die Prüfrelais der AS erhalten
werden. Die Geschwindigkeit der Motorwähler läßt sich durch
Dämpfungen leicht regeln und den Forderungen der Praxis sowie
den Arbeitszeiten der Prüfrelais leicht anpassen. Übertriebene
Forderungen sollen aber nicht gestellt und nicht erfüllt werden, weil
damit nicht die größte Wirtschaftlichkeit erreicht werden kann. Da
AS noch weitere Möglichkeiten von Ersparnissen in der schon erwähnten Zusammenfassung mehrerer Gruppen in sich einschließen,
so sind AS die gegebenen Schaltmittel der Vorwahlstufe im Motorwählersystem.

Wegen des Gruppeneinflusses und der geringen Leistung kleiner
Gruppen könnte man zunächst geneigt sein, zwei 100er-Gruppen in
der Vorwahlstufe zusammenzufassen und 200-kontaktige AS zu verwenden, wodurch die Zahl der AS herabgesetzt wird, diese selbst
aber größer werden. Es ist aber durchaus nicht nötig, um denselben Zweck zu erreichen, alle AS mit 200 Kontakten auszurüsten,
sondern es genügt, wenn nur die AS für den sogenannten Spitzenverkehr 200 Kontakte besitzen, während für den gewöhnlichen Verkehr AS mit 100 Kontakten verwendet werden. Jede 100er-Gruppe
hat zunächst eine Anzahl eigener 100-kontaktiger AS. Je zwei dieser
Gruppen haben aber außerdem noch eine gemeinsame Gruppe von
200-kontaktigen AS, die jeder Gruppe zur Verfügung stehen, aber
nur dann benutzt werden, wenn alle AS der eigenen 100er-Gruppe
besetzt sind. Man erhält dadurch dieselbe Wirkung, als wenn alle
AS 200 Kontakte hätten, erspart daher erheblich an Kontakten.
Abb. 5 zeigt diese Anordnung. Wie groß die erforderliche Zahl der
AS in den einzelnen Gruppen und in der gemeinsamen Gruppe ist,
läßt sich an Hand der bekannten Wählerzahlbestimmungskurven für

die Zusammenfassung von Bündeln ermitteln. Für verschieden großen Verkehr ergeben sich bei 1% Verlust folgende AS-Zahlen für einzelne und gemeinsame Gruppen:

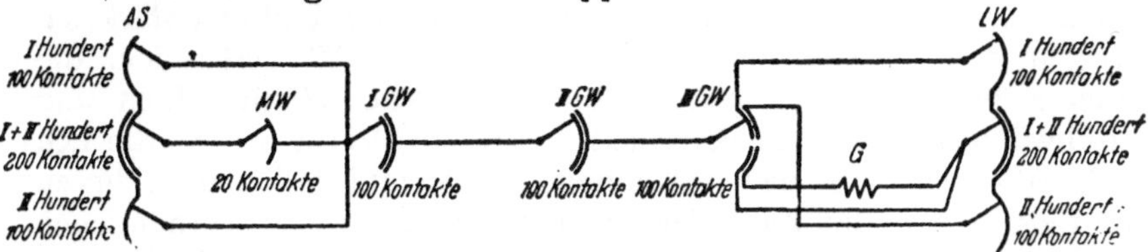

Abb. 5. Motorwählersystem mit 100-kontaktigen AS, GW und LW und 200-kontaktigen Spitzenwählern AS und LW sowie 20-kontaktigen MW.

Tabelle 1.

Verkehr je 100er-Gr.	Getrennte Gruppen		Zusammengefaßte Gruppen	
	AS je 100er-Gr.	AS je 200er-Gr.	100 kont. AS je 100er-Gr.	200 kont. AS je 200er-Gr.
2 VE*	6	9	3	3
3 VE	8	12	4	4
4 VE	10	15	5	5
5 VE	12	18	6	6
6 VE	14	21	7	7
7 VE	16	24	8	8

Man ersieht, daß man bei Bildung von 200er-Gruppen 25% der AS erspart, daß man aber, um denselben Zweck zu erreichen, nur 33% der AS mit 200 Kontakten auszurüsten braucht.

Die Wählerarme der 200-kontaktigen AS überlaufen beide 100er-Gruppen gleichzeitig. Je nachdem, aus welcher 100er-Gruppe der Anreiz kommt, werden die betreffenden Wählerarme eingeschaltet. Gewöhnlich sind die Arme der ersten 100er-Gruppe durchgeschaltet; kommt ein Anreiz aus der zweiten 100er-Gruppe, so werden die Arme der ersten Gruppe durch ein besonderes Relais aus und die Arme der zweiten Gruppe eingeschaltet. Alle AS beider Gruppen werden zweckmäßig in einem Rahmen vereinigt, bei dem die gemeinsamen 200-kontaktigen AS in der Mitte und die AS jeder 100er-Gruppe zu beiden Seiten wie folgt angeordnet sind:
3 bis 8 AS I. Hundert, 3 bis 8 AS I. und II. Hundert, 3 bis 8 AS II. Hundert. Die Bandkabel der Vielfachschaltung der Kontakte jeder 100er-Gruppe durchlaufen dann ohne Unterbrechung die AS der eigenen und der gemeinsamen Gruppe.

Als Teilnehmerrelais werden kleine besondere Relais entweder ein Relais als zwangsläufiges Stufenrelais oder zwei gewöhnliche Relais je Teilnehmer genommen.

---

[1]) 1 VE = 1 Verkehrseinheit = 1 Belegungsstunde in der Hauptverkehrsstunde.

Die AS führen zweckmäßig nicht alle unmittelbar zu den I. GW, sondern teilweise zu Mischwählern in Sparschaltung, die ebenfalls Motorwähler — aber kleiner — sind und nur 20 Kontakte besitzen. Nur die ersten AS, die stets zuerst benutzt werden und den stärksten Verkehr führen, sind unmittelbar mit den I. GW verbunden, die anderen gehen zu den Mischwählern. Welche Wählerzahlen und Mischwählerzahlen für verschieden großen Verkehr erforderlich sind, läßt sich aus den bekannten Wählerzahlbestimmungskurven ermitteln, wenn die Zahl der unmittelbar mit I. GW verbundenen AS je Gruppe, abhängig vom Verkehr festgelegt ist. Es ergeben sich für den jeweiligen Verkehr bei 1% Verlust folgende Zahlen:

Tabelle 2.

Verkehr je 100er-Gr.	Unmittelb. Verbdg. zu I. GW	Verkehr je 2000er Gr.	I. GW je 2000er Gr.	AS 100 kont. je 2000er Gr.	AS 200 kont. je 2000er Gr.	MW 20 kont. je 2000er Gr.
2 VE	3	33 VE	60	60	30	60
3 VE	4	54 VE	80	80	40	80
4 VE	5	73 VE	100	100	50	100
5 VE	6	92 VE	120	120	60	120
6 VE	7	110 VE	140	140	70	140
7 VE	8	128 VE	160	160	80	160

Aus Tabelle 2 ist sofort der erforderliche Aufwand von den AS über die MW bis zu den I. GW bei verschiedenem Verkehr zu ersehen.

Die LW-Stufe.

Bei den LW wird dieselbe Anordnung wie bei den AS durch Zusammenfassung von zwei 100er-Gruppen mit 100- und 200-kontaktigen Motorwählern getroffen, die aber hier als Nummernempfänger arbeiten. Es ist eine Anzahl von eigenen LW je 100er-Gruppe mit 100 Kontakten und eine Anzahl gemeinsamer LW je 200er-Gruppe mit 200 Kontakten vorhanden. Die GW überprüfen stets erst die eigenen 100-kontaktigen Motorwähler der gewählten Gruppe und erst wenn diese alle besetzt sind, werden die 200-kontaktigen gemeinsamen Motorwähler für den Verkehr herangezogen. Die Wählerarme der 200-kontaktigen Motorwähler überlaufen auch hier beide 100er-Gruppen gleichzeitig. Damit die Kontaktarme der gewählten 100er-Gruppe eingeschaltet werden, befinden sich teilweise in den Prüfleitungen vom GW zu den LW besondere Belegungsrelais G. Wird das erste Hundert gewählt, so spricht das besondere Belegungsrelais nicht an, weil die Kontaktarme der ersten Gruppe von vornherein durchgeschaltet sind. Wird das zweite Hundert gewählt, so

spricht das besondere Belegungsrelais an und schaltet die Arme der
ersten Gruppe aus und die der zweiten Gruppe ein.

Für die Zahl der erforderlichen 100- und 200-kontaktigen LW
gilt für den gleichen Verkehr die Tabelle 1, wobei aber darauf hinzu-
weisen ist, daß in der gleichen Anlage, wie bekannt, durch die Ver-
kehrsabstufungen der Verkehr an den LW gewöhnlich kleiner als an
den AS ist, wenn nicht durch ungewöhnlich großen Weitfernverkehr
eine Änderung eintreten sollte.

Die GW-Stufen.

In den großen Gruppen der GW-Stufen befinden sich außer den
100-kontaktigen Motorwählern als GW in bekannter Weise noch
15—20-kontaktige MW als Motorwähler mit Nacheinstellung in Sparschaltung, wodurch die beste Ausnutzung in vollkommenen Bündeln
auch auf Verbindungsleitungen ohne Aufwendung weiterer Mittel
ohne weiteres erreicht wird. Als MW in Sparschaltung wird die
halbe Zahl der bei Misch- und Staffelschaltungen erforderlichen
Wähler verwendet. Unter Annahme einer Verkehrsabnahme von
10% hinter den I GW ergeben sich folgende GW- und MW-Zahlen:

Tabelle 3.

Verkehr je 100er-Gr.	Verkehr je 1000er-Gr.	GW je 1000er-Gr.	MW je 1000er-Gr.
2 VE	15 VE	25	.16
3 VE	24 VE	36	24
4 VE	33 VE	48	31
5 VE	42 VE	57	38
6 VE	50 VE	65	44
7 VE	58 VE	75	50

Der erforderliche Aufwand ist auch hier für die verschiedenen
Verkehrsgrößen sofort zu ersehen.

II. Ausführung.

Die Zusammenfassung des Verkehrs kleiner Gruppen braucht
nicht durch 200-kontaktige Wähler zu erfolgen, sondern kann auch
mit nur 100-kontaktigen Wählern durch Einführung von sogenannten
Doppelbetriebswählern durchgeführt werden, indem die Vorwahl-
und LW-Stufe derselben 100er-Gruppe in ähnlicher Weise zusammengefaßt wird. Derartige Wähler arbeiten dann einmal als AS
und ein anderes Mal als LW, je nachdem sie belegt werden. Dabei
ist es nun wieder nicht erforderlich, alle Wähler als Doppelbetriebswähler auszubilden, sondern nur diejenigen Wähler, die für den

Spitzenverkehr herangezogen werden. Abb. 6 läßt diese Anordnung erkennen. Es gibt eine Untergruppe von Wählern, die nur AS und eine Untergruppe, die nur LW sind, während eine Untergruppe von Doppelbetriebswählern vorhanden ist, die sowohl AS als auch LW sein können und die nur zum Verkehr herangezogen werden, wenn

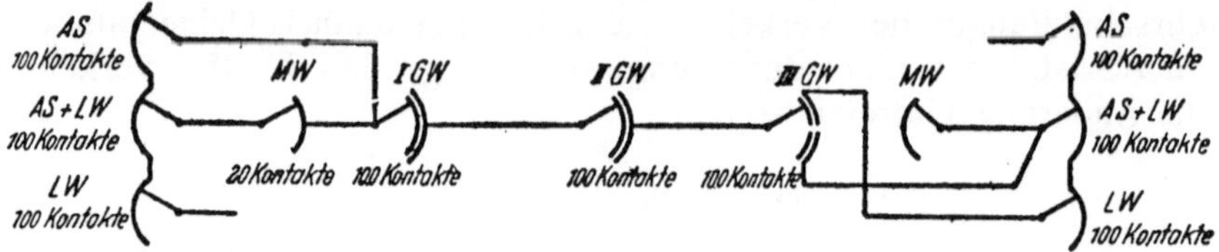

Abb. 6. Motorwählersystem mit 100-kontaktigen AS, GW und LW und 100-kontaktigen Spitzen- und Doppelbetriebswählern AS und LW sowie 20-kontaktigen MW.

entweder alle AS oder alle LW besetzt sind. Die Zahl der erforderlichen Wähler je Untergruppe, abhängig vom jeweiligen Verkehr, läßt Tabelle 1 ebenfalls erkennen, wobei an Stelle der Wähler je 200er-Gruppen Doppelbetriebswähler zu setzen sind. In diesen Zahlen sind dann aber auch noch gewisse Reserven enthalten, weil gewöhnlich die LW einen etwas kleineren Verkehr als die AS führen. AS und LW werden wieder in einem Rahmen zusammengefaßt und die Doppelbetriebswähler in der Mitte angeordnet, wie folgt:

$$3 \text{ bis } 8 \text{ AS}, \quad 3 \text{ bis } 8 \text{ AS} + \text{LW}, \quad 3 \text{ bis } 8 \text{ LW}.$$

Die GW-Stufen bleiben entsprechend Tabelle 3 unverändert.

III. Ausführung.

Eine weitere Zusammenfassung läßt sich nun noch dadurch erreichen, daß man die Ausführungen I und II vereinigt und sowohl 200-kontaktige Wähler als auch Doppelbetriebswähler, aber auch nur

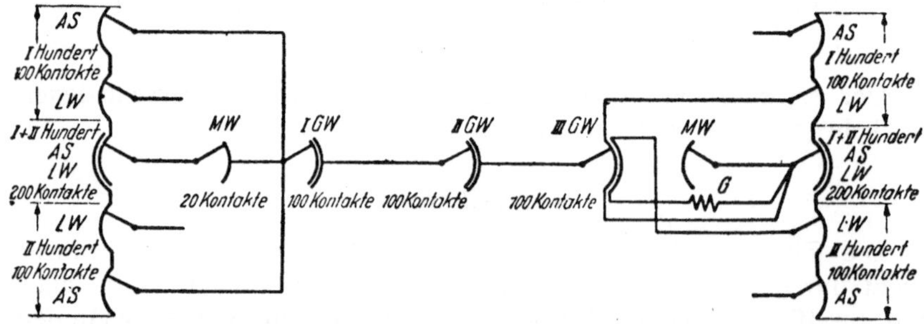

Abb. 7. Motorwählersystem mit 100-kontaktigen AS, GW und LW und 200-kontaktigen Spitzen- und Doppelbetriebswählern AS und LW sowie 20-kontaktigen MW.

für den Spitzenverkehr, vorsieht. Man erspart dadurch weitere 50% der sonst erforderlichen 200-kontaktigen und Doppelbetriebswähler, die dann sowohl für zwei 100er-Gruppen als auch als Doppelbetriebswähler wie AS oder LW arbeiten. Abb. 7 zeigt diese Anordnung. Es gibt je 100er-Gruppe eine Untergruppe mit eigenen AS und eigenen LW und eine gemeinsame Untergruppe von 200-kontaktigen Doppelbetriebswählern als AS und LW. Die Zahl der erforderlichen Wähler, abhängig vom Verkehr je Untergruppe, ergibt wieder Tabelle 1, wobei die Wählerzahl für die gemeinsame Untergruppe der Doppelbetriebswähler auch bei dieser Zusammenfassung gilt. Der gemeinsame Rahmen würde sich folgendermaßen zusammensetzen:

3 bis 8 AS I. Hundert, 3 bis 8 LW I. Hundert, 3 bis 8 AS + LW

I. und II. Hundert, 3 bis 8 LW II. Hundert, 3 bis 8 AS II. Hundert.

Ein derartiger gemeinsamer Rahmen für AS und LW zweier 100er-Gruppen wird bei starkem Verkehr sehr groß, er wird in irgendeiner zweckmäßigen Weise dann unterteilt werden müssen, wie es später noch gezeigt werden wird.

Welchen wirtschaftlichen Einfluß alle diese Ausführungen und Maßnahmen haben, sowie bei Verwendung von VW und AS von 100- und 200-kontaktigen Wählern, soll nun untersucht werden. Es werden die Anlagekosten verglichen, die etwa proportional dem Aufwand an Werkstoffen und Lohnstunden sind. Wird an Anlagekosten gespart, so würden auch etwa im gleichen Verhältnis Werkstoffe und Lohnstunden, also Personal erspart. Die Anlagekosten aller dieser Ausführungen im Fünfziffernsystem im Vergleich zu gewöhnlichen Hebdrehwählersystemen, zeigt bei Erfüllung etwa gleicher allgemeiner Betriebsforderungen für verschiedenen Verkehr Abb. 8. Auf der Waagerechten ist der Verkehr, auf der Senkrechten sind die Anlagekosten aufgetragen. Die Linien geben die Anlagekosten wie folgt an:

Linien A und F: Kosten der gewöhnlichen Hebdrehwählersysteme A und F.

Linie 1: Kosten eines Motorwählersystems mit VW und 100-kontaktigen Motorwählern in gewöhnlicher Bauweise bei Erfüllung der Bedingungen des F-Systems.

Linie 2: Kosten eines Motorwählersystems mit AS und allgemein mit 100-kontaktigen Wählern.

Linie 3: Kosten eines Motorwählersystems mit 200-kontaktigen AS und LW, aber 100-kontaktigen GW.

Linie 4: Kosten eines Motorwählersystems mit teilweise 200-kontaktigen AS und LW nach Ausführung I, entsprechend Abb. 5.

Linie 5: Kosten eines Motorwählersystems mit teilweise Doppelbetriebswählern nach Ausführung II, entsprechend Abb. 6.

L i n i e 6: Kosten eines Motorwählersystems mit teilweise 200-
kontaktigen AS und LW und teilweise Doppelbetriebswählern nach
Ausführung III, entsprechend Abb. 7.

Man ersieht, daß ein Motorwählersystem in gewöhnlicher Bauweise mit VW teurer als das Hebdrehwählersystem F ist, daß aber
durch die verschiedenen Maßnahmen die Kosten beachtlich herab-

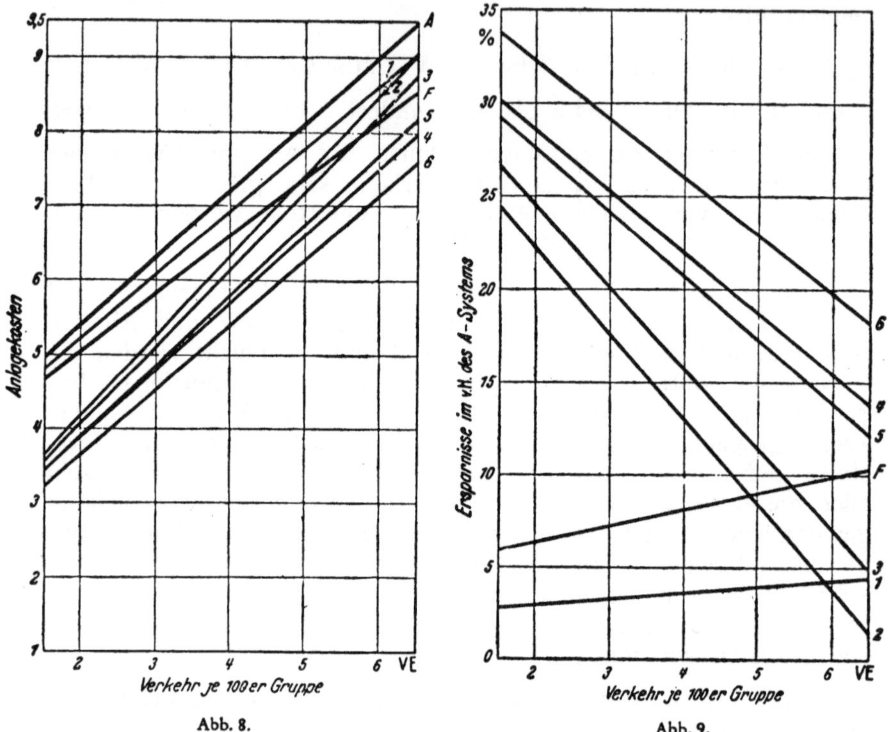

Abb. 8.   Abb. 9.

Abb. 8. Vergleich der Anlagekosten von Hebdrehwählersystemen mit Motorwählersystemen bei verschiedenem Verkehr. A und F Hebdrehwählersysteme — 1 bis 6 Motorwählersysteme — 1 mit
VW — 2 mit AS 100 Kontakte — 3 mit AS und LW 200 Kontakte — 4 mit teilweise 200-
kontaktigem AS und LW — 5 mit 100-kontaktigen teilweise Doppelbetriebswählern — 6 mit
200-kontaktigen teilweise Doppelbetriebswählern.

Abb. 9. Ersparnisse bei verschiedenen Systemen gegenüber dem Hebdrehwähler-A-System. F Hebdrehwählersystem — 1 bis 6 Motorwählersysteme — 1 mit VW — 2 mit AS 100 Kontakte —
3 mit AS und LW 200 Kontakte — 4 mit teilweise 200-kontaktigen AS und LW — 5 mit 100-kon-
taktigen teilweise Doppelbetriebswählern — 6 mit 200-kontaktigen teilweise Doppelbetriebswählern.

gesetzt werden können, so daß ein erheblicher Gewinn gegenüber
den Hebdrehwählersystemen entsteht.

Um die Beurteilung des Einflusses der verschiedenen Maßnahmen zu erleichtern, sind in Abb. 9 Linien entsprechend den
verschiedenen Ausführungen eingetragen, die die Ersparnisse gegenüber dem Hebdrehwähler A-System in Vomhundertsätzen angeben.

Man ersieht, daß die Ersparnisse durch Einführung der AS, Linie 2, für schwachen Verkehr erheblich sind, aber bei starkem Verkehr verschwinden, und daß 200-kontaktige AS und LW, Linie 3, keinen bedeutenden Gewinn außer dem Gewinn durch AS bringen. Erst die Einführung von teilweisen 200-kontaktigen Wählern oder teilweisen Doppelbetriebswählern bringt einen erheblichen Gewinn, auch bei starkem Verkehr. Werden teilweise 200-kontaktige Wähler als AS und LW verwendet, Linie 4, so erspart man entsprechend dem Verkehr von 6 bis 2 VE je 100er-Gruppe etwa 15 bis 29% an Anlagekosten; werden 100-kontaktige AS und LW teilweise als Doppelbetriebswähler genommen, so entsteht eine Ersparnis von etwa 13 bis 28%, werden teilweise 200-kontaktige AS und LW als Doppelbetriebswähler eingeführt, so beträgt die Ersparnis etwa 20 bis 33%.

Die allgemeine Einführung der MW in den GW-Stufen ist auf das eigene Amt bezogen nicht aus wirtschaftlichen Gründen zwingend erforderlich, denn sie ergibt nur eine Ersparung von etwa 1,42%, sie bringt aber schnell ohne weiteres vollkommene Bündel, was in unterteilten Netzen auf den Verbindungsleitungen von großer Wichtigkeit ist.

Durch diese Maßnahmen sind daher sogar erhebliche Ersparnisse gegenüber den Hebdrehwählsystemen möglich, die die umgehende Einführung der Motorwähler begründen und sogar sehr empfehlen, zumal auch die Aufwendungen für die Pflege erheblich geringer sind.

In der Praxis hat sich ergeben, daß die Störungszahlen der Motorwähler nur etwa $1/_5$ bis $1/_{10}$ derjenigen der Hebdrehwähler betragen und daß eine Kontaktbankpflege nicht erforderlich ist. Da keine harten Anschläge vorhanden sind, ist die Beanspruchung und die Abnutzung geringer und damit die Zahl der auszuwechselnden Teile kleiner. Motorwähler bringen daher eine erhebliche Herabsetzung der Pflegearbeit, was ebenfalls von der größten Bedeutung ist.

Motorwählersysteme auf dieser Grundlage mit ihren weiteren Vorzügen, wie sie im vorhergehenden Abschnitt beschrieben wurden, besonders ohne jede Wählergeräusche, ermöglichen demnach gegenüber den Hebdrehwählernsystemen eine Ersparnis von 20 bis 30% im Anlagekapital. Eine Ersparnis an Betriebskosten ist etwa in gleicher Höhe zu erwarten, weil beachtlich an Pflegearbeit, wie Kontaktbankpflege erspart wird. Motorwählersysteme bedeuten daher eine erhebliche technische Vervollkommnung und eine bedeutende wirtschaftliche Verbesserung der Schrittwählersysteme.

3. Der Antriebsmotor.

Der neueste und wichtigste Teil des Motorwählers, der die großen Fortschritte der Schrittwählertechnik erst ermöglichte, ist der Antriebsmotor. Er soll wegen seiner großen Bedeutung nochmals und eingehender als bisher behandelt werden.

Der Antriebsmotor besteht aus einem Stator mit zwei senkrecht zueinander angeordneten Elektromagneten und einem im Achsenschnittpunkt der Magnete drehbaren Rotor, der einen aus Eisenblech mit zwei Haupt- und zwei Hilfspolen geformten Anker ohne jede Wicklung trägt. Als Elektromagnete werden etwa die Kraftmagnete des Hebdrehwählers verwendet, die mit ihrem Energiebedarf der zu leistenden Arbeit angepaßt sind; als Ankerdurchmesser hat sich etwa der doppelte Kerndurchmesser der Magnete als zweckmäßig erwiesen. Auf der Rotorachse ist eine Unterbrecherscheibe befestigt, die zwei Kontakte für die beiden Elektromagnete zu verschiedenen Zeiten entsprechend der Ankerstellung schließt und öffnet.

Ist bei der Inbetriebsetzung ein Elektromagnet eingeschaltet, so zieht er einen Hauptpol des Ankers mit Hilfe des Hilfspoles an und setzt damit den Rotor in Bewegung. Kommt der Hauptpol des Ankers in die Nähe des Magneten, so wird dieser Magnet aus- und der andere eingeschaltet. Die Umschaltung der Magnete muß aber überlappend erfolgen, damit es keine Rotorstellung gibt, bei der beide Magnete ausgeschaltet sein können. Die Überlappung der Kontakte ist verhältnismäßig groß und beträgt 33% der Zeit oder des Weges von Pol zu Pol. Die Ausschaltung des wirksamen Magneten erfolgt schon etwa 6% der Zeit oder des Weges, bevor ein Hauptpol des Ankers genau vor dem betreffenden Magneten zu stehen kommt, damit keine Hemmung der Bewegung durch den abklingenden Kraftfluß des Magneten eintritt. Demzufolge erfolgt die Einschaltung des anderen Magneten schon 39% der Zeit oder des Weges, bevor der Ankerhauptpol vor dem wirksamen Magneten steht. Die frühzeitige Einschaltung des zweiten Magneten ist erforderlich, damit das Kraftfeld entsprechend der Zeitkonstante sich rechtzeitig entwickeln kann. Abb. 10 zeigt die Selbststeuerung des Motors durch seine eigenen Kontakte, die durch die besonders geformte Unterbrecherscheibe betätigt werden. Die Unterbrecherscheibe läßt grundsätzlich die Einschaltzeiten der Magnete ersehen. Der Anker ist in seiner Stillsetzungs-Stellung dargestellt.

Die Form des Ankers, der ursprünglich aus Eisenblech mit angebogenen Polen hergestellt war und später aus geformten Blechscheiben zusammengesetzt wurde, ist so entwickelt worden, daß ein möglichst gleichmäßiges Drehmoment in allen Ankerlagen vorhanden ist. Der Anker wurde später wegen der Wirbelströme mehrfach unterteilt. Die Elektromagnete wurden mit ihren Abmessungen und mit ihrer Zeitkonstanten so bestimmt, daß der Rotor mit 3000 Umdrehungen je Minute arbeitet. Der Rotor erhielt Kugellager, das Gehäuse wurde in Spritzguß hergestellt.

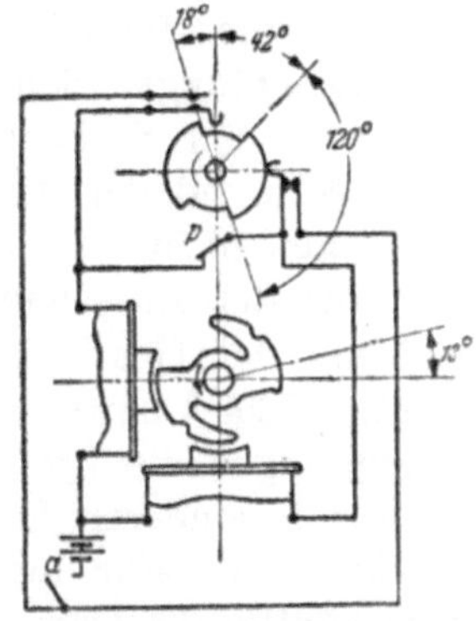

Abb. 10. Selbststeuerung des Motors durch eigene Kontakte.
p = Stillsetzungskontakt.

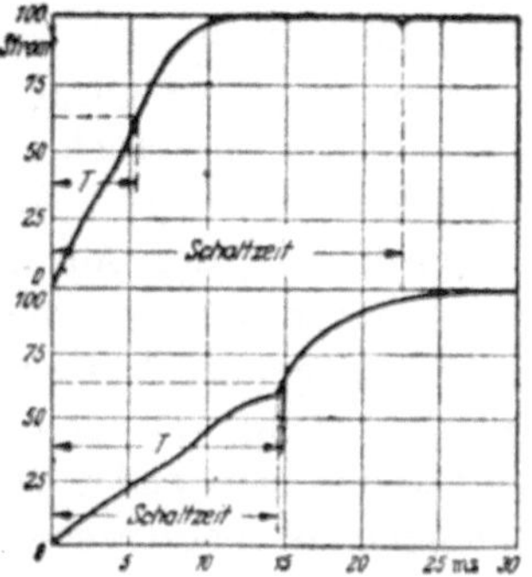

Abb. 11. Verkürzung der Schaltzeit bei größerer Zeitkonstanten T durch 1,8fachem Eisenquerschnitt.

Die elektrische Stillsetzung des Motors erfolgt nicht wie bei anderen Schrittschaltwählern durch Ausschaltung des Antriebsstromes, sondern durch Kurzschluß des Unterbrechers, so daß beide Elektromagnete erregt bleiben. Derjenige Elektromagnet, dessen Ausschaltung durch den Kurzschluß des Unterbrechers verhindert wird und dem gerade ein Hauptpol des Ankers gegenübersteht, hält diesen Pol fest und beendet damit weich und elastisch die Bewegung des Rotors. Der Anker wird aber etwas durch die Wirkung des zweiten Elektromagneten über einen Hilfspol aus der genauen Mittellage gezogen, bis sich ein Gleichgewichtszustand zwischen den beiden Zugkräften der Elektromagnete, die als Drehmomente im entgegengesetzten Sinne auf den Anker wirken, eingestellt hat. Dieser Gleichgewichtszustand liegt bei etwa 15% des Weges außerhalb der Mittellage, in Richtung auf den anderen Magneten, wie aus Abb. 10 zu ersehen ist, wo p der Stillsetzungskontakt ist. Zur Sicherung dieser Ankerlage im stromlosen Zustand der Magnete ist eine Rastenscheibe auf der Rotorachse mit vier Raststellen vorgesehen, in die eine am Motorgestell befestigte Rastenfeder einfällt. Beim Stillsetzen schwingt der Rotor noch

etwas um seine Gleichgewichtslage, doch sind diese Ausschwin-
gungen nach etwa 30 bis 40 ms, je nach der Belastung des Motors,
beendet, so daß nach dieser Zeit und nicht vorher der Erreger-
strom beider Elektromagnete ausgeschaltet werden kann, in Abb. 10
durch Kontakt a.

Der Motor läuft sehr schnell an und wird in äußerst kurzer
Zeit stillgesetzt. Die Anlaufzeit bis zur vollen Geschwindigkeit von
3000 Umdrehungen je Min. beträgt etwa 15 ms, die Stillsetzungs-
zeit nur 2 ms. Derartig überraschend kurze Schaltzeiten sind wohl
von keinem Motor bisher erreicht worden. Für die Herabsetzung
der Geschwindigkeit bei der Freiwahl sind Dämpfungswicklungen
auf den Elektromagneten vorgesehen, die nur bei der Freiwahl in
Betrieb gesetzt und kurzgeschlossen werden. Während der Aufbau
der Magnetfelder durch die Dämpfungswicklungen nicht wesentlich
beeinflußt wird, wird der Abbau der Felder bei der Ausschaltung
erheblich verzögert, wodurch eine Herabsetzung der Geschwindigkeit bei den vorliegenden Verhältnissen auf etwa 1200 Umdrehungen
je Min. erfolgt. Zum Teil sind kleinere Dämpfungen mit größeren
Geschwindigkeiten verwendet worden. Um die besonderen Dämpfungswicklungen zu ersparen und den Wickelraum dafür für die
Hauptwicklungen verwenden zu können, wird künftig die Dämpfung
durch die Einschaltung eines Widerstandes parallel zu den Motorkontakten erreicht.

Die Berechnung des Motors ist etwas unsicher, weil der Kraftfluß größtenteils ein Streufluß ist und zum Teil über die Rotorachse
verläuft. Dieser Streufluß ist aber nicht ganz ungünstig, sondern
er setzt die Zeitkonstante herab, was günstig für das schnelle
Arbeiten des Motors ist.

Zur Beurteilung des Stromanstieges und der Arbeitsgeschwindigkeit wird gewöhnlich die Zeitkonstante herangezogen, was aber nur
bedingt richtig ist, denn die Zeitkonstante ändert sich beim Arbeiten
mit dem Luftspalt der Geräte. Außerdem hat die mechanische
Sicherheit einen großen Einfluß auf das schnelle Arbeiten, was bei
der vorhergehenden Betrachtungsweise nicht berücksichtigt wird.
So läßt sich unter Umständen bei etwa Verdoppelung der mechanischen Sicherheit mit etwa verdoppelter Zeitkonstanten überraschenderweise ein nahezu doppelt so schnelles Arbeiten der Geräte
als bei den ursprünglichen Werten erreichen, was allein aus der
Beurteilung der Zeitkonstanten gar nicht abzuleiten war. Abb. 11
läßt die Verkürzung der Schaltzeit trotz größerer Zeitkonstanten
bei größerer mechanischer Sicherheit deutlich erkennen. Die Motormagnete haben einen erheblich größeren Luftspalt als die Kraft-

magnete der Hebdrehwähler bei etwa sonst gleichen Verhältnissen. Die Zeitkonstante ist daher erheblich kleiner, der Stromanstieg deshalb schneller.

Bei der Geschwindigkeit von 3000 Umdrehungen je Min. stehen für die Bewegung von Pol zu Pol nur 5 ms zur Verfügung. Da die Stromzeit der Elektromagnete mit der Überlappung 133% dieser Zeit beträgt, so muß der Auf- und Abbau der magnetischen Felder in 6,6 ms erfolgen, was erheblich schneller ist als bei anderen Schrittschaltwählern. Die magnetischen Felder werden aber bei der schnellen Arbeitsweise nur zum Teil etwa nur bis zu 50% aufgebaut; beim ersten Schritt dagegen erfolgt ein voller Aufbau. Aus der Tatsache, daß beim Laufen die Felder nur zum Teil aufgebaut werden, könnte man den Schluß ziehen, die Eisenkerne seien zu stark, eine Verkleinerung müßte den Stromanstieg günstig beeinflussen. Das trifft aber nicht für den ersten Schritt zu, wo das gesamte Feld zur Wirkung kommt. Ein verkleinerter Eisenquerschnitt würde daher den schnellen Anlauf des Motors ungünstig beeinflussen, was unerwünscht ist.

Der verhältnismäßig große Eisenquerschnitt der Elektromagnete hat aber noch eine andere gute Wirkung, um nämlich den Einfluß einer veränderlichen Belastung auf die Ankergeschwindigkeit herabzusetzen. Die Arbeitsgeschwindigkeit des Ankers richtet sich, wie bei Hauptstrommotoren, nach der Belastung. Je größer die Belastung ist, um so mehr muß der Kraftfluß in dem Elektromagneten ansteigen und muß der Motor Strom aufnehmen, um so mehr Zeit wird dafür benötigt, um so geringer ist die Geschwindigkeit. Wenn nun die Eisenquerschnitte klein sind und schon bei geringer Belastung voll, bis zur Sättigung ausgenutzt werden, dann muß bei Belastungszunahme der Strom stark ansteigen, um eine genügende Kraft zur Überwindung der Belastung in den Elektromagneten zu erzeugen, was Zeit erfordert. Der Motor würde dann deshalb viel langsamer laufen. Je kleiner daher der Eisenquerschnitt der Elektromagnete ist, um so größer ist die Empfindlichkeit des Motors gegen Belastungsänderungen. Die Eisenquerschnitte sind daher auch diesen Bedingungen anzupassen und nicht zu klein zu wählen.

Die Magnetspulen sind verhältnismäßig groß und gestatten eine Verwendung von eloxiertem Aluminiumdraht, wodurch mit Metallspulenkörpern eine unbrennbare Magnetspule entsteht, die auch in Störungsfällen jeder Erwärmung widersteht.

Die überragenden Eigenschaften dieses Motors sind Veranlassung gewesen, denselben nicht nur in der Fernsprech-Wählertechnik, sondern auch in den verschiedensten anderen Techniken einzuführen.

4. Steuerung des Motorwählers als Nummernempfänger.

Die Stromstoßgabe mit der Übertragung der Stromstöße vom Sender über die verschiedenen Übertragungsglieder bis zum Empfänger ist bei einem Motorwählersystem nicht verschieden von der eines Hebdrehwählersystems, wohl aber zeigt die Einstellung des Motorwählers selbst durch die Stromstöße bei der Nummernwahl erhebliche grundsätzliche Unterschiede gegenüber dem Hebdrehwähler, so daß eine Untersuchung der Steuerung des Motorwählers, dessen Aufbau selbst im 1. Abschnitt angegeben wurde, von besonderem Interesse ist.

Während bekanntlich beim Hebdrehwähler die Kontakte der verschiedenen Dekaden in zehn parallelen Reihen übereinander angeordnet sind und deshalb das Vielfachfeld eine Fläche bildet, sind die Kontakte der verschiedenen Dekaden beim Motorwähler hintereinander, gewissermaßen in einer Reihe angeordnet. Die Bewegungen des Einstellgliedes des Hebdrehwählers verlaufen in zwei Richtungen, Heben des Einstellgliedes auf die betreffende Dekade und dann Drehen desselben innerhalb der Dekade. Beim Motorwähler dagegen besteht die Bewegung des Einstellgliedes nur aus einer Drehung. Bei der Dekadeneinstellung muß das Einstellglied des Motorwählers, da die Dekaden hintereinander liegen, bei jedem Stromstoß eine Dekade mit zehn oder unter Umständen noch mehr Kontakten überlaufen, so daß das Einstellglied erhebliche Bewegungen während eines Stromstoßes auszuführen hat, während das Einstellglied des Hebdrehwählers bei der Dekadenauswahl nur je Dekade einen Schritt zu machen hat. Bei der Einerwahl braucht auch der Motorwähler wie der Hebdrehwähler nur einen Schritt je Stromstoß zu machen.

Die Einstellung des Motorwählers als Nummernempfänger erfolgt nicht wie beim Hebdrehwähler dadurch, daß die Stromstöße unmittelbar auf die Kraftmagnete einwirken und deren Stromzeit bestimmen, sondern die Motormagnete werden nur in bestimmter Weise gewissermaßen angereizt und arbeiten dann entweder selbsttätig mit Hilfe eines Unterbrechers oder werden besonders zwangsläufig gesteuert. Bei der Einstellung werden zuerst beide Magnete des Motors unter Strom gesetzt und damit das Einstellglied zunächst festgehalten, worauf die Steuerung durch die Nummernstromstöße und Freigabe der entsprechenden Magnete beginnt.

Die Stillsetzung des Motorwählers erfolgt in allen Fällen nicht durch Ausschaltung der Magnete, sondern durch Überbrückung des Unterbrechers und damit Aufrechterhaltung des Stromes in dem betreffenden Magneten des Motors, wodurch das Einstellglied sofort in einer ganz bestimmten Lage festgehalten wird. Der zweite Magnet kommt durch Schließung des Unterbrechers auch unter Strom, was aber nur einen geringen Einfluß auf die Stellung des Ankers hat. Diese Ströme werden, wenn das Einstellglied, das etwas schwingt, zur Ruhe gekommen ist, abgeschaltet.

Besonders bemerkenswert an diesem Motor ist die große Geschwindigkeit mit 150 bis 200 überlaufenen Kontakten je Sekunde, was einer Umdrehungszahl des Motors selbst von 37,5 bis 50 je Sekunde oder von 2250 bis 3000 je min entspricht und die überraschend kurze Anlauf- und Stillsetzungszeiten bei dieser Steuerung, die nur wenige ms betragen. Anlauf und Stillsetzung erfolgen ohne harte Anschläge, so daß ein sehr ruhiger, erschütterungsfreier Lauf erreicht wird.

Zu beachten ist noch die Numerierung der durch Nummernwahl erreichten Kontakte des Motorwählers, die der Wahl durch die Nummernschalter entspricht. Nach der Ruhestellung 0 ist die Bezeichnung der Kontakte 11, 12, 13 .... 19, 10 für die erste Dekade, 21, 22 .... 29, 20 für die zweite Dekade, 31 .... 99, 90 .... 01, 02 .... 00 für die anderen Dekaden. Entsprechend dieser Numerierung muß der Wähler gesteuert werden.

Da im Gegensatz zum Hebdrehwähler die Unterteilung der Dekaden nicht mechanisch, sondern elektrisch erfolgt, und die elektrische Teilung beliebig veränderlich ist, so könnte man die einzelnen Dekaden verschieden, größer oder kleiner machen. Eine derartige Anpassung bringt aber gewisse Schwierigkeiten, weil die Vergrößerung einzelner Dekaden nur auf Kosten anderer erfolgen kann und weil sich die Anlagen mit dem Verkehr ständig ändern. Eine spätere wiederholte Anpassung an den Verkehr ist aber recht unerwünscht. Besser ist es, die Dekaden von vornherein gleichmäßig mit je zehn Kontakten auszurüsten und die gute Ausnutzung durch die bekannten leistungssteigernden Mittel, wie Misch- und Staffelschaltungen und Mischwähler gleichartig in allen Fällen zu erreichen. Nur in den wenigen Fällen, wo eine Erweiterung der Anlage und eine Änderung der Dekadeneinteilung nicht vorkommt, kann von der Anpassung der Dekaden Gebrauch gemacht werden.

Für die Steuerung des Motorwählers wird ein besonderer Steuerarm verwendet, der ebenfalls, wie die anderen Arme des Wählers über 100 Kontakte läuft. Diese Kontakte sind aber nicht mit den Kontakten der anderen Wähler vielfachgeschaltete, sondern sind entsprechend der Steuerung des eigenen Wählers besonders geschaltet. Es sind gewisse Raststellen und Zwischenraststellen, gekennzeichnet durch eine besondere Schaltung, vorgesehen, die aber innerhalb der Numerierung liegen, so daß besondere Stellen dafür nicht vorhanden sind. Raststellen sind: die Ruhestellung 0, die Dekadenanfänge 11, 21, 31 . . . ., die Dekadenendstellen 10, 20, 30 . . . ., nur bei GW. Zwischenraststellen sind: 16, 26, 36 . . . . Die besonderen Schaltungen dieser Rast- und Zwischenraststellungen werden bei der Untersuchung der einzelnen Steuervorgänge gezeigt werden.

Bei der Dekadenwahl muß das Einstellglied des Motorwählers bei jedem Stromstoß zehn Kontakte und unter Umständen noch mehr überlaufen, was aber nicht für die erste Dekade gilt. Beim ersten Stromstoß darf daher das Einstellglied nur einen Schritt von 0 nach 11 machen, während es bei den weiteren Stromstößen mindestens je zehn Kontakte, z. B. von 11 nach 21 nach 31 usw., überlaufen muß.

Die Steuerung des Motorwählers bei der Dekadenwahl erfolgt unmittelbar durch den Kontakt des Stromstoßrelais. Spricht dieses bei Arbeitsstrom an, oder fällt bei Ruhestrom ab, so wird der Motorwähler innerhalb der Dekade zum Lauf freigegeben. Damit das Einstellglied aber nicht über mehrere Dekaden bei langsam laufendem Sender je Stromstoß läuft, wird innerhalb jeder Dekade eine Zwischenrast am Steuerarm vorgesehen, bis zu der es zunächst während des Stromstoßes nur laufen kann. Erst bei Beendigung des Stromstoßes kann es von dieser Zwischenrast bis zur Raststelle am Anfang der nächsten Dekade laufen, wo es wieder stillgesetzt wird. Beim nächsten Stromstoß wiederholt sich derselbe Vorgang. Beim ersten Stromstoß für die erste Dekade dagegen wird das Einstellglied erst am Ende des Stromstoßes von 0 nur auf den nächsten Kontakt 11 geschaltet, wo es sofort wieder stillgesetzt wird.

Die Einstellung innerhalb einer Dekade ist verschieden und richtet sich nach der Art des Wählers, ob er als GW oder als LW arbeitet. Als GW läuft das Einstellglied nach der Umsteuerung frei durch die eingestellte Dekade und sucht mit Hilfe eines jetzt zur Prüfung freigegebenen schnellarbeitenden Prüfrelais eine freie Leitung innerhalb dieser Dekade aus, worauf das Prüfrelais durch Überbrückung des Unterbrechers und damit durch Aufrechterhaltung des Stromes in dem Magneten und durch Erregen beider Magnete des Motors das Einstellglied stillsetzt.

Bei der Einstellung des Wählers als LW innerhalb einer Dekade wird zunächst der freie Lauf des Motors über seine Unterbrechungskontakte unterbunden. Die Kontakte des Stromstoßrelais wirken nicht mehr unmittelbar auf den Wähler, sondern über eine Taktrelaisgruppe, wodurch die Zahl der Stromstöße in besonderer Weise auf die Hälfte vermindert wird, wie noch später näher erläutert werden wird. Die Fortschaltung erfolgt jetzt nicht mehr je Stromstoß, sondern je Stromänderung eines Taktrelais. Ein Taktrelais schaltet jetzt mit seinen Kontakten nacheinander die Kraftmagnete ein und aus, wodurch das Einstellglied schrittweise über die Kontakte bis zu dem gewählten Anschluß bewegt wird.

Im einzelnen arbeitet die Steuerung entsprechend den Abb. 12 bis 14, in denen M1 und M2 die Motormagnete, m1 und m2 die Motorkontakte, a die Kontakte des Stromstoßrelais, v die Kontakte des Steuerrelais, p die Kontakte des Prüfrelais und c die Kontakte des Belegungsrelais sind. Zur Erleichterung des Verständnisses der grundsätzlichen Schaltvorgänge bei der Steuerung des Motors werden nur die Stromkreise der Motormagneten mit den erforderlichen Schaltmitteln dargestellt.

Bei der Dekadeneinstellung nach Abb. 12, die für GW und LW gleich ist, werden beim Beginn des ersten Stromstoßes der Stromstoßreihe beide Magnete des Motors z. T. über den Steuerarm unter Strom gesetzt und damit das Einstellglied zunächst festgehalten. Für I. GW gilt diese Schaltung nur dann, wenn noch ein besonderes Stromstoßrelais für Arbeitsstrom wie in den nachfolgenden GW vorgesehen ist. Wirkt das Speiserelais unmittelbar als Stromstoßrelais auf den Wähler, dann muß der a-Arbeitskontakt ein Ruhekontakt sein und der a-Wechselkontakt die umgelegte Lage haben. Die a-Kontakte werden bei der Stromstoßgabe umgelegt, die v-Kontakte geschlossen, der c-Kontakt ist bei der Belegung umgelegt worden. Der Strom vom M2 fließt über v1 und m2, der Strom für M1 über v1 und m2, den Steuerarm und den a-Kontakt. Am Ende des ersten Stromstoßes wird M1 durch a ausgeschaltet. Der unter Strom bleibende Magnet M2 legt die Motorkontakte m1 und m2 um und schaltet das Einstellglied um einen Kontakt, der die Bezeichnung 11 trägt, weiter. M1 kommt wieder unter Strom, M2 bleibt aber erregt über den Kontakt 11 den Steuerarm und a, v2 und c-Kontakt, so daß das Einstellglied wieder festgehalten wird.

Beim Beginn des zweiten Stromstoßes wird M2 durch a ausgeschaltet, worauf der Magnet M1 das Einstellglied auf den nächsten Kontakt 12 schaltet. Da aber jetzt der Steuerarm ausgeschaltet ist, so läuft der Motor mit Hilfe seiner eigenen Motorkontakte durch wechselseitige Erregung von M1 und M2 frei weiter. Auf der Zwischenrast, die beim sechsten Kontakt innerhalb jeder Dekade, also 16, 26 usw., vorgesehen ist, wird, wenn der Stromstoß noch nicht beendet ist, das Einstellglied durch Erregen beider Magnete

zum Teil über den Steuerarm a, v2 und c-Kontakte so lange stillgesetzt, bis der Stromstoß beendet ist. Das Einstellglied läuft dann
bis zum ersten Kontakt der nächsten Dekade, also Kontakt 21, und
wird dort wieder zum Teil über den Steuerarm unter Erregen beider
Magnete stillgesetzt.

Bei den weiteren Stromstößen dieser Reihe sind die Vorgänge
dieselben. Der a-Kontakt läßt den Motor vom ersten Kontakt jeder
Dekade ab laufen, hält unter Umständen das Einstellglied am
sechsten Kontakt jeder Dekade fest, wenn der Stromstoß noch
nicht beendet sein sollte, und läßt dann das Einstellglied bis zum

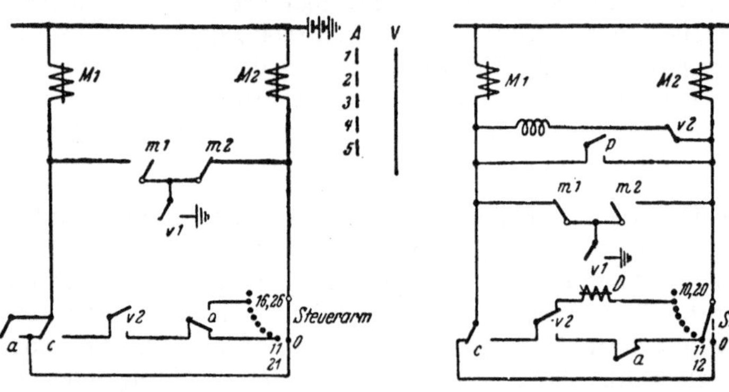

Abb. 12. Dekadenwahl beim Motorwähler als GW und LW.

Abb. 13. Freiwahl beim Motorwähler
als GW.

ersten Kontakt der nächsten Dekade weiter laufen. Das Prüfrelais
ist bei der Dekadeneinstellung ausgeschaltet, so daß es nicht ansprechen kann.

Ist die Stromstoßreihe beendet, so fällt das V-Relais ab und es
erfolgt Umsteuerung auf Einstellung in der betreffenden Dekade, die
bei GW und LW verschieden ist. Das den Abbildungen beigefügte
Stromdiagramm läßt die Betätigungszeiten der Relaiskontakte erkennen.

Bei der Einstellung innerhalb der gewählten Dekade wird nach
der Umsteuerung beim GW der Motor zum Lauf und das Prüfrelais
zum Prüfen freigegeben, wobei die Zwischenrast ausgeschaltet wird.
Das Steuerrelais V, das als zwangläufig gesteuertes Stufenrelais
ausgebildet ist, spricht in erster Stufe an, schließt nur den v1-Kontakt
für die Einschaltung der Motormagnete, ohne seine anderen Kontakte zu beeinflussen. Damit an das Prüfrelais nicht zu hohe Anforderungen gestellt werden, wird der Motor durch Einschalten
von Dämpfungswicklungen auf den Magneten oder nur von
Dämpfungswiderständen in seiner Geschwindigkeit so ermäßigt,

daß das Einstellglied nur etwa 80 Kontakte je s überläuft, was für den Betrieb, auch wenn weitere Umsteuervorgänge zwischen den Stromstoßreihen erfolgen müssen, vollkommen ausreicht. Abb. 13 läßt grundsätzlich die Schaltung erkennen. Das Prüfrelais P spricht bei freier Leitung schnell an und schaltet beide Magnete parallel, wodurch beide Magnete unter Strom kommen und das Einstellglied stillgesetzt wird. War die erste Leitung innerhalb der Dekade frei, 11, 21, 31, so spricht das Prüfrelais so schnell an und setzt beide Motormagnete unter Strom, daß der Motor nicht zur Wirkung kommt, da das Einstellglied schon auf dieser Leitung steht. Der Strom über die Magnete wird nach kurzer Zeit durch Abfallen von V abgeschaltet.

Ist keine Leitung innerhalb der betreffenden Dekade frei, so läuft das Einstellglied bis zum letzten Kontakt dieser Dekade, 10, 20 oder 30, worauf z. T. über den Steuerarm beide Magnete des Motors wieder erregt werden und das Einstellglied stillsetzen. Ein besonderes Relais D spricht über den Steuerarm an, das die weitere Beeinflussung des Wählers durch Stromstöße verhindert, dem Teilnehmer das Besetztzeichen gibt und sich in einem besonderen Stromkreis bindet. Der Strom über die Magnete wird nach kurzer Zeit durch V ausgeschaltet.

Bei der Einereinstellung des LW wird der freie Lauf des Motors ausgeschaltet und die Fortschaltung nicht unmittelbar durch das Stromstoßrelais, sondern durch eine schon erwähnte sogenannte Taktrelaisgruppe, aus zwei Relais bestehend, gesteuert, wodurch auch diese Einstellung unabhängig vom Stromstoßverhältnis wird. Ein Taktrelais H wird durch das Stromstoßrelais und ein Hilfsrelais derart beeinflußt, daß nur die halbe Stromstoßzahl entsteht. Das Taktrelais H steuert dann den Motor bei jeder Veränderung seiner Erregung derart, daß das Einstellglied um einen Kontakt weitergeschaltet wird. In Abb. 14 sind die Kontakte des Taktrelais für die Steuerung des Motorwählers eingetragen. Nach der Dekadenwahl und der Umsteuerung zur Einerwahl durch Abfallen von V wird der u-Kontakt geschlossen und damit der eine h-Kontakt des Taktrelais eingeschaltet.

Beim Beginn des ersten Nummernstromstoßes der Reihe sprechen das Taktrelais H und wieder das Steuerrelais V an und legen beide Motormagnete unter Strom; M1 über v1 und m1 und M2 über v1 und h parallel m2. Das Diagramm läßt die Schließungszeiten der Kontakte erkennen. Bei Beendigung des ersten Nummernstromstoßes der Reihe bleibt das Taktrelais H erregt und es tritt daher keine Stellungsänderung des Einstellgliedes ein, weil die Motormagnete unter Strom bleiben. Bei der Einereinstellung darf der erste Nummernstromstoß das Einstellglied des LW nicht weiter-

schalten, weil es schon auf dem ersten Kontakt der Reihe steht.
Beim Beginn des zweiten Nummernstromstoßes fällt das Taktrelais H
ab, der Strom von M2 wird geöffnet, so daß M1 das Einstellglied
auf den zweiten Kontakt der Stromstoßreihe, 12, 22 usw., weiter-
schaltet. Beim Beginn jedes Nummernstromstoßes ändert sich die
Erregung des Taktrelais H und wird dadurch das Einstellglied um
einen Kontakt fortgeschaltet, bis die Stromstoßreihe beendet ist,
worauf durch Abfallen von V der Strom über die Magnete unter-
brochen und das Prüfrelais eingeschaltet wird. Die weiteren Schaltvorgänge sind unabhängig von der Art des Wählers und deshalb
dieselben wie beim Hebdrehwähler.

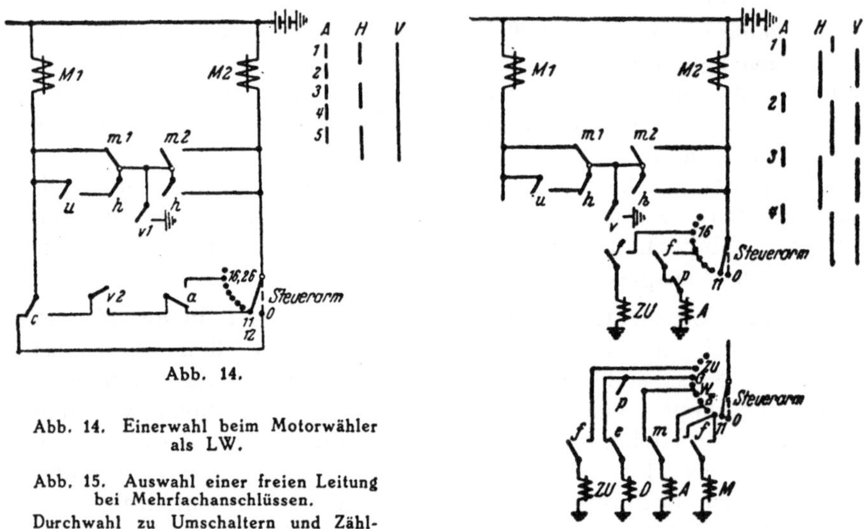

Abb. 14.

Abb. 14. Einerwahl beim Motorwähler
als LW.

Abb. 15. Auswahl einer freien Leitung
bei Mehrfachanschlüssen.
Durchwahl zu Umschaltern und Zählunterdrückung bei Dienststellen.

Abb. 15.

Ist die Nummer eines Mehrfachanschlusses gewählt worden, so
wird die selbsttätige Auswahl einer freien Leitung ebenfalls über
den Steuerarm veranlaßt, wie aus Abb. 15 zu ersehen ist. Zu
diesem Zweck sind die zu einem Mehrfachkontakt gehörenden
Kontakte am Steuerarm, aber ohne den letzten Kontakt untereinander verbunden und gehen über f- und p-Kontakte zu einer
Wicklung des A-Relais. Nach Beendigung der Nummernwahl und
Abfall des Steuerrelais V, spricht ein Relais F an und schaltet das
Stromstoßrelais A über den Steuerarm und über M1 und M2
wieder ein. Durch A wird das Steuerrelais V wieder eingeschaltet
und das Taktrelais H weitergeschaltet, wodurch das Einstellglied
um einen Kontakt fortgeschaltet wird. Durch V wird A kurzgeschlossen und fällt wieder ab, wodurch auch V verzögert zum
Abfall kommt. Da jetzt der Kurzschluß von A aufgehoben ist, so

spricht A wieder über die Magnete an und schaltet in derselben Weise V ein und das Taktrelais sowie das Einstellglied weiter. Diese Vorgänge wiederholen sich so lange, bis entweder das Prüfrelais P, auf einer freien Leitung anspricht und A ausschaltet, oder der Vorgang durch Erreichen der letzten Leitung des Mehrfachanschlusses, deren Kontakt am Steuerarm nicht mit den anderen Kontakten verbunden ist, beendet wird. An dem beigefügten Diagramm können die Stromzeiten der Relais ersehen werden, wobei für das Relais H zwei Fälle zu unterscheiden sind, je nachdem, ob das Relais beim Beginn der Weiterschaltung schon erregt war oder nicht. Auch die Zwischenrast 16, 26 und der erste Kontakt in jeder Dekade, 11, 21, können für diese Zwecke verwendet werden, wenn sie nach der Nummernwahl durch z. B. Relais F entsprechend umgeschaltet werden.

Soll bei einem Mehrfachanschluß die Auswahl einer freien Leitung nur dann erfolgen, wenn die erste Nummer, die Sammelnummer, nicht aber wenn eine andere Nummer gewählt wird, so wird auf den Kontakt der Sammelnummer ein besonderes Relais M erregt, das sich in einem eigenen Stromkreis bindet und erst die schon geschilderte Weiterschaltung veranlaßt, wie aus Abb. 15 unten ersehen werden kann, wo der Steuerarm mit der besonderen Schaltung der Kontakte für verschiedene Zwecke dargestellt ist. Der Steuerarm wird daher entweder in der einen oder anderen Weise, je nachdem, welche Bedingungen zu erfüllen sind, geschaltet. Diese Relaisströme über die Magnete haben keinen Einfluß auf die Einstellung des Wählers, weil sie sehr klein sind und außerdem stets über beide Magnete fließen.

Der Steuerarm wird noch für weitere Zwecke verwendet. Die Auswahl einer freien Leitung bei Wählsternschaltern erfolgt wie die Auswahl bei Mehrfachanschlüssen, aber ohne Benutzung des Relais M, weil in allen Fällen eine Weiterschaltung erfolgen soll. Nach dieser Auswahl wird aber ein Durchwahlrelais D an den Steuerarm gelegt, das anspricht, sich bindet und alle Schaltungen für die Durchwahl durch den LW zum Wählsternschalter veranlaßt. Nach erfolgter Durchwahl wird das Relais wieder ausgeschaltet. Auch die Durchwahl zu Gemeinschaftsumschaltern erfolgt in gleicher Weise mit Hilfe des Relais D. Aus Abb. 15 sind die Schaltungen am Steuerarm für die verschiedenen Zwecke mit den verschiedenen dazugehörenden Hilfsrelais zu ersehen.

Der Steuerarm wird auch benutzt, um Zählunterdrückung bei Dienstanschlüssen zu erreichen. Wird eine derartige Nummer gewählt, so spricht über den Steuerarm und die Magnete ein Relais

ZU an, das die Zählung verhindert. Abb. 15 läßt auch diese Schaltung erkennen. Am Steuerarm unten bedeuten die Bezeichnungen

S Sammelkontakte für Mehrfachanschlüsse,
W Kontakte für Wählsternschalter,
G Kontakte für Gemeinschaftsumschalter,
ZU Kontakte für Zählunterdrückung.

Bei der Auslösung und Rückgang des Wählers in die Ruhelage fällt das Belegungsrelais C ab, das Steuerrelais V spricht wieder an, bei den GW nur in erster Stufe, aber in zwangläufiger Schaltung, und schaltet den Motor, aber nicht das Prüfrelais wieder ein. Das Einstellglied mit dem Steuerarm wird über die Kontakte bewegt, bis in der Ruhestellung über Steuerarm und c-Ruhekontakt beide Motormagnete erregt bleiben und das Einstellglied stillsetzen. V fällt nach kurzer Zeit ab und schaltet die Magnete aus.

In dieser Weise wird die Steuerung des Motorwählers als Nummernempfänger für alle Arten von Wählern und bei allen Arten von Anschlüssen erreicht. Bei dieser Steuerung ist noch folgendes in bezug auf die Sicherheit derselben sehr wichtig:

Während beim Hebdrehwähler die Strom- und Pausenzeiten der Stromstöße unmittelbar auf den Kraftmagneten wirken und daher Strom- und Pausenzeiten mit den Schaltzeiten des Kraftmagneten übereinstimmen müssen, ist das beim Motorwähler nicht der Fall. Beim Motorwähler wird durch die Stromstöße, wie gezeigt wurde, das Einstellglied nur angereizt und stillgesetzt, im Laufe aber durch die Strom- und Pausenzeiten und das Stromstoßverhältnis in keiner Weise beeinflußt. Während daher beim Hebdrehwähler das Stromstoßverhältnis hinsichtlich der Sicherheit der Einstellung von großer Bedeutung ist, ist dies beim Motorwähler nicht im gleichen Maße der Fall. Hier kommt es nur darauf an, daß die geringsten Anreiz- und Stillsetzungszeiten nicht unterschritten werden. Da die Stillsetzungszeiten noch anderen Beeinflussungen, wie noch gezeigt werden wird, unterliegen, so kommt es nur auf die geringsten Anreizzeiten an. Zum Anlaufen des Motorwählers bei erregten Magneten genügt eine Schaltzeit von 9 ms, so daß es für die Steuerung des Motorwählers vollkommen genügt, wenn die einlaufenden Stromstöße bzw. Pausen mehr als 9 ms betragen. Der Motorwähler ist daher unabhängiger von den Stromzeiten und vom Stromstoßverhältnis wie der Hebdrehwähler und arbeitet gewissermaßen nur mit geringsten Schaltzeiten. In den Nummernschaltern könnten deshalb unter Umständen größere Abweichungen zugelassen werden und die bei vielen Übertragungen mitunter erforderlich werdenden Stromstoßentzerrer könnten noch einfacher sein als bisher.

Der Hebdrehwähler hat für die Dekadeneinstellung eine geringste Schaltzeit von 30 ms für den Ankeranzug des Kraftmagneten und rd. 10 ms für den Ankerabfall. Er könnte also einen Dekadenschritt in 40 ms machen, wobei aber Voraussetzung ist, daß das Stromstoßverhältnis genau eingehalten wird. Theoretisch könnte er daher $^{1000}/_{40} = 25$ Dekadenschritte je Sek. ausführen. Der Viereckwähler arbeitet mit 22 ms für den Ankeranzug und rd. 10 ms für den Ankerabfall; er könnte daher 31 Schritte je s machen. Das Einstellglied des Motorwählers muß bei der Dekadeneinstellung 10 Kontakte je Stromstoß überlaufen. Das bedeutet bei seiner Geschwindigkeit von 150 bis 200 überlaufenen Kontakten je Sek. 15 bis 20 Dekadenschritte je Sek., also eine erheblich kleinere zulässige Dekadenschrittzahl, die aber — wie nachgewiesen — unabhängig vom Stromstoßverhältnis ist. Da aber die Sender mit einer Ablaufzeit von 1,1 bis 0,9 ms arbeiten sollen, was 9 bis 11 Stromstößen je Sek. entspricht, so ist eine genügende Sicherheit vorhanden, auch wenn sich die Ablaufzeit etwas ändern sollte und die Sender schneller laufen würden. Natürlich könnte man, um eine größere Sicherheit zu erreichen, die Geschwindigkeit des Motorwählers für die Dekadeneinstellung vergrößern. Das ist aber nicht nötig, weil die vorhandene Sicherheit vollkommen ausreicht. Die Geschwindigkeit des Motorwählers ist mit Rücksicht auf die ausreichende Sicherheit bei der Wählersteuerung so gewählt worden.

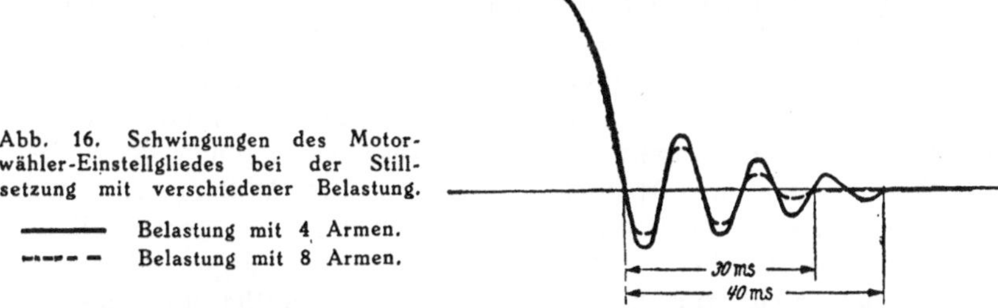

Abb. 16. Schwingungen des Motorwähler-Einstellgliedes bei der Stillsetzung mit verschiedener Belastung.

———— Belastung mit 4 Armen.
— — — Belastung mit 8 Armen.

Bei der plötzlichen Stillsetzung des Einstellgliedes durch Kurzschluß des Unterbrechers und Einschaltung beider Kraftmagnete des Motors, was ohne harte Anschläge erfolgt, schwingt der Anker etwas um seine Ruhelage mit stark gedämpften Schwingungen von etwa 90 Perioden. Die Dämpfung dieser Schwingungen hängt von der Belastung des Motorwählers mit Kontaktarmen ab. Je größer die Belastung, um so größer ist die Dämpfung. Bei einer Belastung mit vier Kontaktarmen kommt das Einstellglied nach 3,5 Schwingungen gleich etwa 40 ms zur Ruhe. Abb. 16 läßt diesen Schwingungsvorgang bei verschiedener Belastung erkennen. Die gleichzeitige Ausschaltung beider Kraftmagnete nach beendeter Einstellung soll daher erst nach dieser Zeit erfolgen. Während der Einstellung bei der Nummernwahl und der Umschaltung der Magnete gilt diese

Zeit nicht, weil während dieser Zeit keine Ausschaltung beider Magnete, sondern nur eine Umschaltung erfolgt, so daß sie keinen Einfluß auf die Steuerung des Wählers hat. Sie gilt nur für die endgültige Ausschaltung der Magnete nach der Einstellung des Wählers.

Die Steuerung des Motorwählers unter Berücksichtigung seiner Eigenarten und der verschiedenen Arten von Wählern und von Anschlüssen ist nach diesen Untersuchungen verhältnismäßig einfach. Die Sicherheit der Steuerung bei der Stromstoßübertragung ist groß. Das Stromstoßverhältnis hat praktisch keinen Einfluß, nur Mindest-Strom- und Pausenzeiten sind erforderlich. Da die Freiwahl mit etwa 80 Schritten erfolgt, sind zwischen den Stromstoßreihen genügende Zeiten für die Einschaltung von MW auch ohne Voreinstellung und alle Arten von Umsteuervorgängen vorhanden.

5. Die zulässigen Abweichungen der Nummernschalter.

Bei den Nummernschaltern im Hebdrehwählersystem sind bekanntlich gewisse Abweichungen von der genauen Einstellung des Stromstoßverhältnisses und der Ablaufgeschwindigkeit der Schalter zulässig, die mit Rücksicht sowohl auf die einfache Instandhaltung der vielen verstreuten Nummernschalter als auch auf die Sicherheit der Einstellung der Wähler bei den unter Umständen vorkommenden Stromstoßverzerrungen durch weitere Übertragungsglieder bestimmt sind. Da im Motorwählersystem die Wähler erheblich kleinere Schaltzeiten besitzen als im Hebdrehwählersystem, weil die Magnete nur anzureißen sind, so kann die Frage aufgeworfen werden, ob sich nicht zur Erleichterung der Instandhaltung die zulässigen Abweichungen der Nummernschalter etwas vergrößern lassen. Eine Untersuchung, die auch die Erfahrungen der Praxis berücksichtigt, wird darüber Aufschluß geben.

Wie groß die Sicherheit der Stromstoßgabe in den Schrittwählersystemen ohne Berücksichtigung der vorkommenden Stromstoßverzerrungen ist, wie sie durch die Entwicklung der verschiedenen Wähler verbessert wurde und welche Einflüsse der Betrieb hat, ist in Abb. 17 dargestellt. Auf der Waagerechten sind die Pausenzeiten, auf der Senkrechten die Stromzeiten der Nummernstromstöße unmittelbar vom Sender in ms aufgetragen. Besonders hervorgehoben ist auf der Waagerechten die kleinste Pause, bei der die Wähler noch arbeiten und die größte Pause, bei der schon Umsteuern im Wählersystem entsteht, auf der Senkrechten die kleinste Stromzeit, bei der die Wähler noch arbeiten und die größte Stromzeit, bei der schon Auslösen des Wählersystems erfolgt. Die Mindestpause beträgt bei allen Wählern etwa 9 ms, die Mindeststeuerzeit im System etwa 90 ms. Die Mindeststromzeit beträgt beim Hebdrehwähler etwa 30 ms, beim Viereckwähler 22 ms, beim Motorwähler 9 ms, die Mindestauslösezeit des Systems etwa 130 ms. Die Grenzen des Arbeitens der Wählersysteme sind für den Viereckwähler stark gezeichnet, für den Hebdrehwähler und Motorwähler ebenfalls besonders angegeben. Man ersieht den Einfluß der verschiedenen

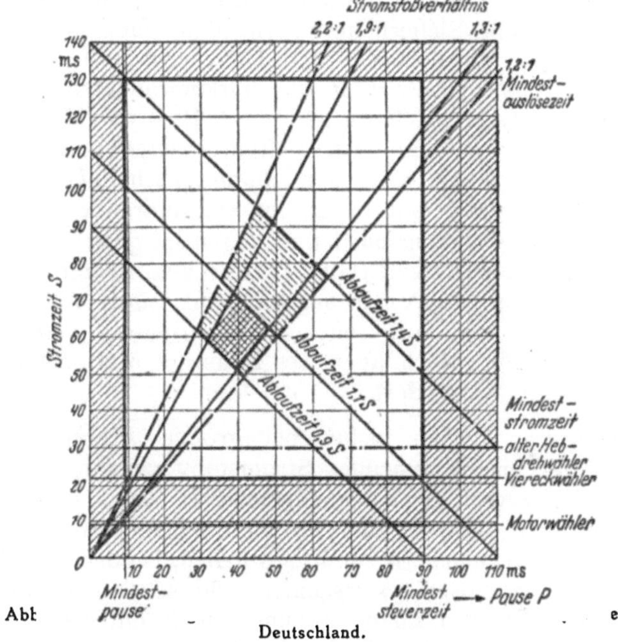

Abb. 5. Wählersysteme in Deutschland.

Wählerarten und die Vergrößerung der zur Verfügung stehenden Zeiten durch die neuzeitlichen Wähler.

Die Einstellung der Nummernschalter ist mit den zulässigen Abweichungen im Stromstoßverhältnis von 1,3:1 bis 1,9:1 und der Ablaufzeit von 0,9 bis 1,1 s ebenfalls eingezeichnet, und das für die Abweichungen der Schalter zur Verfügung stehende Feld ist stark umrandet und schraffiert. Das zwischen den beiden Umrandungen liegende Feld gibt die große Sicherheit an, die für die Stromstoßverzerrungen durch verschiedene Übertragungsglieder zur Verfügung steht. Die Sicherheit aber nach allen vier Grenzen, die durch zu kleine und zu große Pausen und zu kleine und zu große Stromzeiten gegeben ist, ist nicht gleich. In der Praxis kommen aber über die

zulässigen Abweichungen hinaus gelegentlich größere Abweichungen
der Schalter vor, wie sie in dem gestricheltumrandeten Feld eingetragen sind. Die vielen verstreuten Nummernschalter arbeiten im
Betriebe über lange Zeiten mit wenig Pflege recht gut. Es kommt
aber mitunter vor, daß das Stromstoßverhältnis sich etwas ändert
und daß die Nummernschalter langsamer laufen. Man beobachtet
gelegentlich Abweichungen vom Stromstoßverhältnis von 1,2 : 1 bis
2,2 : 1 und Ablaufzeiten bis 1,4 s. Ein größeres Verhältnis führt zur
Verkleinerung der Pausensicherheit, was ungünstig ist, weil diese
Sicherheit von vornherein schon klein ist. Der langsamere Ablauf
vermindert nur die Systemsicherheiten, was nicht so ungünstig ist,
weil besonders große Sicherheiten vorhanden sind. Nach längerer
Betriebszeit liegen etwa 80%[1]) der Nummernschalter mit ihrem
Stromstoßverhältnis noch richtig im starkumrandeten Feld, etwa
10% zeigen ein etwas größeres und etwa 10% ein kleineres Verhältnis, liegen aber in dem gestricheltumrandeten und gestrichelt-
schraffierten Feld, etwa 63% der Nummernschalter haben noch
eine richtige Ablaufzeit und liegen im starkumrandeten Feld und
etwa 37% laufen etwas langsamer und liegen im gestricheltumrandeten Feld. Aus diesen Werten der praktischen Erfahrung werden
später Schlüsse für die Anpassung der zulässigen Abweichungen
gezogen werden. Die vorgesehenen Sicherheiten werden daher
schon von den gelegentlich über das zulässige Maß abweichenden
Nummernschaltern vermindert.

In der Praxis wurden bisher bei großen Abweichungen der
Schalter und bei hinzukommenden Stromstoßverzerrungen der Übertragungsglieder zuerst zu kurze Stromstöße, dann in geringerem
Umfange zu kurze Pausen und in noch geringerem Umfange zu
lange Pausen, die Umsteuern zur Folge haben, beobachtet. Zu lange
Stromstöße, die Auslösen verursachen, sind sehr selten beobachtet
worden. Diese Beobachtungen stimmen auch mit den Zeitsicherheiten überein, die aus dem Bilde abgelesen werden können. Daraus ergeben sich für den alten Hebdrehwähler bei den zulässigen
Abweichungen folgende geringste Zeitsicherheiten für:

Stromzeit	Pause	Umsteuern	Auslösen
21 ms	23 ms	43 ms	58 ms

Bei den in der Praxis auftretenden größeren Abweichungen:

19 ms	20 ms	27 ms	35 ms.

Daraus ergibt sich die in der Praxis beobachtete Reihenfolge in
der Häufigkeit der Fehler.

---

[1]) Schwarz: Die Stromstoßgabe bei der Wahl im Selbstwählferndienst.
TFT, Jahrg. 41, Heft 7 u. 8.

Durch den Viereckwähler wird die Sicherheit der Stromzeit verbessert, und zwar auf 30 ms bei den zulässigen und auf 28 ms bei den zusätzlichen Abweichungen, durch den Motorwähler auf 42 ms und 40 ms. Die anderen Zeiten werden durch die Wähler nicht beeinflußt. Das hat zur Folge, daß beim Motorwähler große Sicherheiten für Stromzeit und Auslösen und kleinere für Pause und Umsteuern vorhanden sind, wobei jetzt die Pause als ungünstigste Sicherheit bestehen bleibt. Für Stromzeit und Auslösen stehen beim Motorwähler als Sicherheit insgesamt 121 ms, für Pause und Umsteuern nur 81 ms zur Verfügung. Für die Stromzeit der Wählermagnete ist früher beim Hebdrehwähler die geringste Sicherheit vorhanden gewesen, die durch die neuen Wählerkonstruktionen bedeutend verbessert worden ist. Für die Auslösezeit dagegen ist die größte Sicherheit vorhanden gewesen, an der aber durch die Wählerkonstruktionen nichts geändert wird. Die neuen Wählerkonstruktionen haben daher die ungünstigste Sicherheit bedeutend verbessert. Die Pausenzeit der Wählermagnete und die Umsteuerzeit des Systems, werden durch die neuen Wählerkonstruktionen in ihrer Sicherheit nicht geändert. Aus dem Bilde ist der Einfluß der neuen Wählerkonstruktionen auf die Sicherheit der Stromstoßgabe in bezug auf die Stromzeit deutlich zu ersehen, worauf schon hingewiesen wurde.

Um die größeren Stromzeitsicherheiten für den Betrieb und die Instandhaltung der Nummernschalter auszunutzen, kann man zunächst fragen, welches sind die günstigsten Einstellungen der Nummernschalter mit den zulässigen Abweichungen, wenn bei Motorwählern nach allen Seiten hin, etwa gleiche Sicherheiten bestehen sollen. Die Ermittlung derartiger Werte macht aber gewisse Schwierigkeiten, weil Stromzeit und Auslösen sowie Pause und Umsteuern verschiedene Sicherheiten haben und weil bei Verbesserung eines Wertes ein anderer gewöhnlich ungünstig beeinflußt wird. Regelt man z. B. das Stromstoßverhältnis für die Stromzeit der Magnete in der Richtung auf das Verhältnis 1:1 hin, um die Sicherheit der Pause zu verbessern, so wird die Umsteuerzeit ungünstig beeinflußt. Verkleinert man die Ablaufzeit der Nummernschalter, so wird die Sicherheit der Pause herabgesetzt. Vergrößert man die Ablaufzeit der Nummernschalter, so werden die Systemzeiten ungünstig beeinflußt. Man findet keine Einstellung, die nach allen Seiten Verbesserungen ergibt. Man kann daher nur angenähert die günstigsten Werte zu ermitteln versuchen.

Um die Pause, die jetzt am gefährdetsten ist, mit größerer Sicherheit auszustatten, könnte man das jetzige mittlere Stromstoßverhältnis 1,6:1 nach z. B. 1,4:1 mit den zulässigen Abweichungen

1,7 : 1 und 1,1 : 1 hin verlagern, wie es in Abb. 18 eingetragen ist. Es würden dann folgende Zeitsicherheiten bestehen für:

Stromzeit	Pause	Umsteuern	Auslösen
37 ms	25 ms	37 ms	60 ms.

Nimmt man die in der Praxis vorkommenden größeren Abweichungen etwa in gleicher Größe hinzu, so betragen die Zeitsicherheiten dann noch

35 ms	22 ms	21 ms	38 ms.

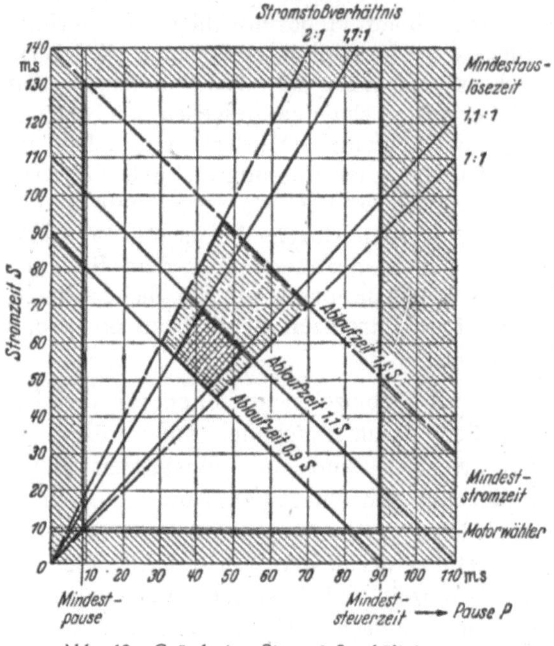

Abb. 18. Geändertes Stromstoßverhältnis.

Durch diese Verlagerung des Stromstoßverhältnisses wird die Pause nur sehr wenig verbessert, aber die Umsteuerzeit verschlechtert. Es fragt sich, ob das zu empfehlen ist und ob noch andere Verbesserungen möglich sind.

Da die zur Verfügung stehende Zeit von 81 ms für Pause und Umsteuern viel kleiner ist als die Zeit von 121 ms für Stromzeit und Auslösen, so wäre zu prüfen, ob nicht die erste Zeit vergrößert werden könnte. Beim Hebdrehwähler war das nicht recht möglich, weil die Drehgeschwindigkeit der Wähler dies nicht zuließ, denn zwischen den Stromstoßreihen soll der Wähler bis zehn Schritte drehen können und noch weitere Umsteuervorgänge zulassen. Beim Motorwähler dagegen, der mit mehr als der doppelten Geschwindigkeit dreht, wäre dies ohne weiteres möglich. Man könnte daher in Erwägung ziehen, bei Motorwählern die Umsteuerzeit auf z. B. 100 ms zu vergrößern, wobei nach dem Drehen noch genügend Zeit für Umsteuervorgänge zwischen den Stromstoßreihen vorhanden bleibt. Die Zeitsicherheit für Umsteuern würde dadurch vergrößert werden.

Weiter kann man fragen, was könnte man durch eine Änderung der Ablaufgeschwindigkeit der Nummernschalter erreichen. Eine Verkleinerung der Ablaufzeit beeinflußt die Strom- und Pausenzeit der Wähler ungünstig, eine Vergrößerung, die Systemzeiten für Umsteuern und Auslösen. Da die Sicherheit der Pause die gefährdetste ist und die Systemzeiten noch die größten Sicherheiten haben, so verbietet sich ein schnellerer Ablauf und könnte nur ein langsamerer Ablauf der Nummernschalter in Frage kommen. Eine Ablaufzeit bis 1,2 oder 1,3 s könnte in Erwägung gezogen werden. Da aber die CCIF[1]) Empfehlungen nur bis 1,1 s zulassen, so fragt es sich, ob des kleinen Vorteils wegen diese Empfehlungen nicht eingehalten werden sollten.

Aus diesen Untersuchungen und Überlegungen ergibt sich, daß eine große Änderung des mittleren Stromstoßverhältnisses und der zulässigen Abweichungen der Nummernschalter zur Erleichterung der Instandhaltung sich nicht empfiehlt, weil eine Änderung in irgendeiner Weise zur Ausnutzung der vergrößerten Stromzeitsicherheit eine Verminderung einer anderen Sicherheit zur Folge haben würde. Eine kleine Veränderung des mittleren Stromstoßverhältnisses wird sich mit Rücksicht auf den kleinen Gewinn und die vielen schon in Betrieb befindlichen Nummernschalter wohl zunächst auch nicht empfehlen, sondern es könnte nur in Erwägung gezogen werden, die zulässigen Abweichungen etwas günstiger anzupassen.

Es wäre zu prüfen, die zulässigen Abweichungen des Stromstoßverhältnisses von 1,9 : 1 und 1,3 : 1 auf ein kleineres Verhältnis von 1,2 : 1 hin zu erweitern und beim Regeln der Nummernschalter die untere Grenze von 1,2 : 1 anzustreben, um die zusätzlichen Abweichungen, die bis 2,2 : 1 beobachtet wurden, auf etwa 2 : 1 herabzudrücken. Die Ablaufzeit der Nummernschalter könnte bis 1,2 oder 1,3 s zugelassen werden. Die Sicherheit der Pause wird dadurch etwas verbessert, die Sicherheit für Umsteuern etwas verschlechtert, was aber durch Vergrößerung der Umsteuerzeit auf z. B. 100 ms ausgeglichen werden kann. Die Sicherheit der Pause soll durch die Regelung des Stromstoßverhältnisses möglichst nach der unteren Grenze von 1,2 : 1 hin verbessert werden, so daß die beobachteten zusätzlichen Abweichungen über 2 : 1 hinaus vermieden werden. Bei neuen Nummernschaltern wäre unter Um-

---

[1]) „Comité Consultatif International Téléphonique.“

ständen in Erwägung zu ziehen, das mittlere Stromstoßverhältnis
von 1,6 : 1 in 1,5 : 1 zu ändern, wodurch sich dann die empfohlenen
zulässigen und wahrscheinlich auch die zusätzlichen Abweichungen.
zwanglos ergeben würden. Der als zulässig empfohlene langsamere
Ablauf der Nummernschalter, der beim Ablauf bis 1,2 s noch 8%
und bis 1,3 s weitere 5% der Schalter erfaßt, entspricht zwar nicht
den CCIF-Empfehlungen, doch werden wohl Teilnehmer vorläufig
nicht über zwischenstaatliche Fernleitungen wählen, sondern nur

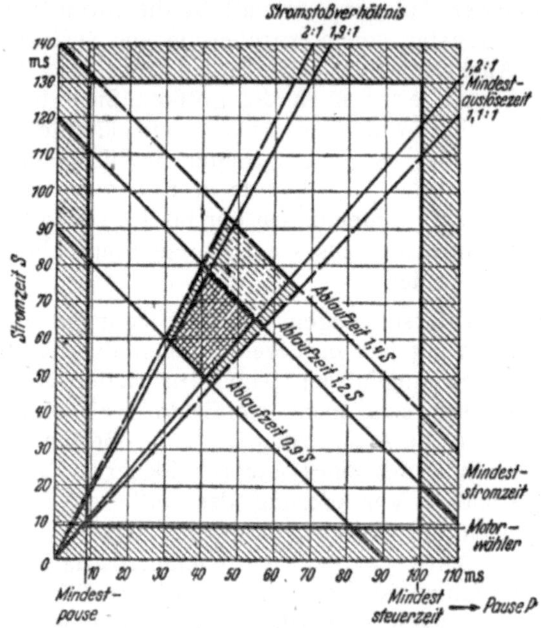

Abb. 19. Geänderte Abweichungen.

Beamtinnen, deren wenige Nummernschalter sorgfältiger geregelt
werden können.

In Abb. 19 sind diese Werte mit einer Ablaufzeit der Nummernschalter von 1,2 s und den zulässigen, unter Umständen zusätzlichen
Abweichungen, die entsprechend den Erfahrungen angenommen
sind, eingetragen. Es wäre zu prüfen, ob sich diese geringen Erweiterungen in der Praxis empfehlen, zumal der verhältnismäßig am
häufigsten aufgetretene Fehler zu kleiner Stromzeit durch die Motorwähler schon beseitigt ist.

Zunächst könnte aber in Erwägung gezogen werden, auch mit
Rücksicht auf bestehende Anlagen, das Stromstoßverhältnis mit
den zulässigen Abweichungen nicht zu ändern und nur die Ablaufgeschwindigkeit der Nummernschalter von 0,9 bis 1,2 s zuzulassen.

6. Der Aufbau der Wählerrahmen und die Gruppierung der AS und LW mit Spitzen- und Doppelbetriebswählern.

Das Motorwählersystem bietet die Möglichkeit, durch den beliebigen Ausbau der Motorwähler mit Kontaktarmen und Kontakten die verschiedenen Wähler der Vorwahl- und LW-Stufe kleiner Gruppen, die stets nur eine geringe Leistung besitzen, in zweckmäßiger Weise zu größeren Gruppen zusammenzufassen, um die Leistung zu steigern und mit dem geringsten Aufwand an Material und Arbeit auszukommen. Man kann zunächst die AS und LW, die wohl verschieden geschaltet und zusammengebaut sind, aber ein gleiches Vielfachfeld besitzen können, in gemeinsamen Rahmen zusammenfassen, so daß ein durchlaufendes Vielfachfeld entsteht. Es werden dadurch Kabel, Lötstellen und unter Umständen auch Verteiler erspart. Man kann weiter die AS und LW von zwei verschiedenen Gruppen ebenfalls in gemeinsamen Rahmen zusammenfassen, aber nicht alle Wähler mit doppeltem Kontaktfeld für zwei Gruppen ausrüsten, sondern beiden Gruppen gemeinsame Spitzen- und Doppelbetriebswähler zuordnen, die sowohl als AS als auch als LW aber nur im Spitzenverkehr arbeiten und die deshalb mit doppeltem Vielfachfeld ausgerüstet sind, so daß sie von beiden Gruppen benutzt werden können. Das Vielfachfeld jeder dieser Gruppen verläuft dann über die eigenen AS und LW, sowie auch über die gemeinsamen Spitzen- und Doppelbetriebswähler. Die Anordnung wird so getroffen, daß jede Gruppe eine Anzahl eigener und gemeinsamer Wähler erreichen kann. Der erste Teil der Sprechmöglichkeiten, sowohl der AS als auch der LW, der stets zuerst belegt wird, verläuft über die eigenen, der letzte Teil, der nur belegt wird, wenn die eigenen Wähler besetzt sind, über die gemeinsamen Wähler mit doppeltem Kontaktfeld. Durch eine derartige Zusammenfassung der AS und LW zweier Gruppen mit gemeinsamen Spitzen- und Doppelbetriebswählern wird erheblich an Wählern, an Kontakten, an Verbindungskabeln, an Lötungsstellen und an Leitungen gespart. Ein solcher gemeinsamer Rahmen mit einem derartigen Vielfachfeld wird aber wieder für starken Verkehr mit vielen Wählern zu groß, so daß eine Unterteilung erfolgen muß. Es fragt sich, in welcher Weise und mit welchen Wählerzahlen für die verschiedenen Verkehrswerte werden die Rahmen zweckmäßig aufgebaut, wie ist die Gruppierung der AS und LW mit eigenen und gemeinsamen Wählern, wie wird diese Gruppierung den verschiedenen Verkehrswerten angepaßt, wie werden die verschiedenen LW von der letzten Gruppenwählerstufe aus erreicht, besonders wenn mehr als zehn Sprechmöglichkeiten vorhanden sind und wie werden die großen Rahmen unterteilt.

Zunächst soll der Aufbau der ungeteilten Rahmen für verschiedene Verkehrswerte mit eigenen und gemeinsamen Wählern festgelegt werden, später wird dann eine zweckmäßige Unterteilung ermittelt. Es sind für zwei 100er-Gruppen mit eigenen AS und LW sowie gemeinsamen Spitzen- und Doppelbetriebswählern für verschiedene Verkehrswerte folgende Wählerzahlen errechnet worden, die in den Rahmen wie folgt angeordnet werden können:

Tabelle 4.

	Verkehr der AS je 100er-Gruppe	I. Gruppe		I. und II. Gruppe AS und LW	II. Gruppe		Gesamte Wählerzahl
		AS	LW		AS	LW	
1. Rahmen . . .	2 VE	3	3	3	3	3	15
2. Rahmen . . .	3 VE	4	4	4	4	4	20
3. Rahmen . . .	4 VE	5	5	5	5	5	25
4. Rahmen . . .	5 VE	6	6	6	6	6	30
5. Rahmen . . .	6 VE	7	7	7	7	7	35
6. Rahmen . . .	7 VE	8	8	8	8	8	40

Überraschenderweise ergeben sich für alle diese Gruppen bei den verschiedenen Verkehrswerten für eigene und gemeinsame Wähler je dieselben Wählerzahlen, wodurch eine gute Übersicht und ein einfacher Aufbau entsteht. Bei der Errechnung der Verkehrswerte und Bestimmung der Wählerzahlen ist zu beachten, daß die AS bei starkem Verkehr in etwas leistungsfähigeren, größeren Bündeln als die LW arbeiten und daß die LW einen um etwa 20% kleineren Verkehr als die AS führen. Um die Errechnung der Wählerzahlen durchführen zu können, ist erst die Gruppierung der AS und LW mit Spitzen- und Doppelbetriebswählern und die Art der Bündelung klarzustellen. In Abb. 20 ist die Gruppierung der verschiedenen Wähler für drei Verkehrswerte von 4, 5 und 7 VE mit 10, 12 und 16 Sprechmöglichkeiten je 100er-Gruppe dargestellt. Die starken Linien stellen Wähler dar, deren Nummer eingetragen ist, die schwachen Linien stellen die Vielfachverbindungen der gemeinsamen Spitzenwähler dar. Zwischen eigenen und gemeinsamen Wählern ist in der Zeichnung zur besseren Unterscheidung eine größere Lücke gelassen. Man ersieht, daß die Gruppen stets alle eigenen und gemeinsamen AS erreichen können, daß aber die LW bei starkem Verkehr nicht alle in gleichem Maße zur Verfügung stehen, weil die GW nur zehn Kontakte zur Auswahl einer freien Leitung haben. Es muß deshalb eine Staffelung der LW eingeführt und müssen die Gruppen unterteilt werden. Auch die AS arbeiten,

trotzdem alle eigenen und gemeinsamen Wähler erreicht werden
können, in gestaffeltem Felde, denn die Spitzenwähler werden von
beiden Gruppen gemeinsam benutzt, wie aus Abb. 20 ohne weiteres
zu ersehen ist. Die Reihenfolge der Belegungen wird bei AS durch
die Anlaßkette, bei LW durch die GW geregelt. Mit wachsendem
Verkehr werden immer mehr eigene und gemeinsame Wähler den
Gruppen zur Verfügung gestellt. Die Hinzufügung neuer AS, sowohl
eigene als auch gemeinsame, die im Anlaßkreis erfolgt, ist verhältnismäßig einfach, die Hinzufügung neuer LW ist bei starkem
Verkehr schwieriger.

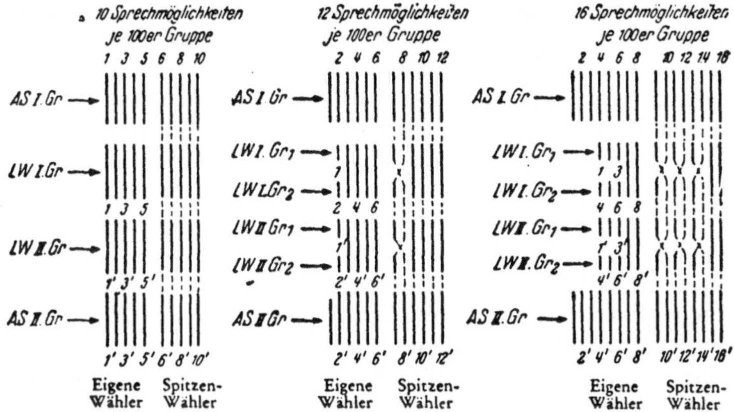

Abb. 20. Gruppierung der AS und LW mit Spitzen- und Doppelbetriebswählern für zwei Gruppen.

Solange nur zehn und weniger LW von den Gruppen beansprucht
werden, ist die Aufgabe ebenso einfach, wie bei den AS, weil eine
einfache Vielfachschaltung dafür ausreicht. Bei weniger als zehn LW
bleiben Leitungen an dem GW frei, werden nicht angeschlossen und
stehen für neu hinzukommende Wähler stets zur Verfügung. Schwieriger wird die Aufgabe bei mehr als zehn LW, weil dann eine
Staffelung eingeführt werden muß, denn die Kontaktzahlen der
GW zu vergrößern oder umzugruppieren ist nicht zu empfehlen.
Bei der Sprechmöglichkeit 12 wird die Vielfachschaltung der ersten
eigenen Leitung unterteilt und damit die Möglichkeit der Einschaltung
eines neuen LW getroffen. Ebenso wird auch die Vielfachschaltung
der ersten gemeinsamen Leitung, das ist die sechste Leitung, für
die Einschaltung eines neuen gemeinsamen LW unterteilt. Dadurch
wird jede Gruppe in zwei Untergruppen geteilt.

Die neue Vielfachschaltung für die gemeinsamen LW ist besonderer Art und aus Abb. 20 zu ersehen. Während die nicht unterteilten gemeinsamen Spitzen- und Doppelbetriebswähler in jeder
AS- und LW-Gruppe und Untergruppe erreicht werden können,
sind die unterteilten Wähler nur als AS in jeder Gruppe und als

LW nur in je einer Untergruppe zu erreichen. Bei der Sprechmöglichkeit 14 wird die Vielfachschaltung der ersten beiden eigenen
und gemeinsamen Leitungen unterteilt und neue LW und gemeinsame Wähler eingeschaltet. Bei der Sprechmöglichkeit 16 wird die
Vielfachschaltung der ersten drei eigenen und gemeinsamen Leitungen für den Anschluß neuer Wähler unterteilt. Besonders wichtig ist dabei die Vielfachschaltung der aufgeteilten gemeinsamen
Spitzen- und Doppelbetriebswähler, die schon besonders erwähnt
wurden und die in Abb. 20 gestrichelt eingetragen ist.

Für die Bestimmung der Wählerzahlen nach Abb. 20 erkennt
man, daß die AS bei mehr als zehn Sprechmöglichkeiten je Gruppe
eine größere Leitung haben werden als einem unvollkommenen
Bündel entspricht, aber die Leitung vollkommener Bündel nicht
erreicht werden wird. Die Leistung der AS wird daher etwa in der
Mitte zwischen vollkommenen und unvollkommenen Bündeln liegen.
Die Leistung der LW entspricht den Wählerbestimmungskurven
für unvollkommene Bündel.

Aus der folgenden Aufstellung, Tabelle 5 auf der nächsten Seite,
können die Verkehrswerte und deren Wandlung sowie die entsprechenden Wählerzahlen für eigene und gemeinsame Wähler der
verschiedenen Rahmen und damit kann der Gang der Rechnung
ersehen werden. Die Wählerzahlen gelten bei 1 % Verlust.

Wohl werden, entsprechend dieser Rechnung, in einigen Fällen
die AS etwas größere als zugrunde gelegte Verluste führen, doch
werden dafür bei den LW geringere Verluste auftreten, so daß
damit ein Ausgleich erreicht wird. Die etwas größeren Verluste am
AS sind aber keine wirklichen Verluste, sondern treten nur als geringe Wartezeiten in Erscheinung, was keine besondere Bedeutung
hat und daher günstig ist.

In diesem Aufbau werden nun die Rahmen für stärkeren Verkehr
etwas zu groß, denn mehr als 20 Wähler je Rahmen sollen zweckmäßig nicht verwendet werden, so daß eine Unterteilung erfolgen
muß, die verschieden erfolgen kann. Eine derartige Unterteilung
kommt für die Rahmen 1 und 2 nicht, wohl aber für die Rahmen
3 bis 6 in Frage.

Man könnte zunächst nur AS und LW einer Gruppe in einem
Rahmen zusammenfassen und für die Spitzen- und Doppelbetriebswähler einen besonderen Rahmen schaffen, wodurch man an Stelle
von sechs aber zehn verschiedene Rahmentypen erhalten würde.
Zur Verbindung der Vielfachfelder der zusammengehörenden Rahmen untereinander würden zwei Kabel mit je 100 Adergruppen
benötigt werden. Wollte man die Spitzen- und Doppelbetriebswähler
unmittelbar einem AS und LW-Rahmen zuordnen, so würde der
fünfte und sechste Rahmen wieder zu groß und eine weitere Unterteilung erforderlich werden, was nicht empfehlenswert ist.

Tabelle 5.

Rahmen	1	2	3	4	5	6
	Zusammenfassung von 2 AS-Gruppen					
Verkehr je 100-erGr.	2,0 VE	3,0 VE	4,0 VE	5,0 VE	6,0 VE	7,0 VE
Wirkl. Mittelwert	1,65 „	2,5 „	3,5 „	4,5 „	5,4 „	6,35 „
Mittelw. f. 2 Gr.	3,3 „	5,0 „	7,0 „	9,0 „	10,8 „	12,7 „
Mittelw. m. Zuwachs	3,7 „	5,5 „	7,5 „	9,7 „	10,8 „	12,7 „
Gesamtwählerzahl	9	12	15	18	21	24
Eigene Wähler	3	4	5	6	7	8
Gemeinsame Wähler	3	4	5	6	7	8
Sprechmöglichkeit	6	8	10	12	14	16
	Zusammenfassung von 2 LW-Gruppen					
Verkehr a. d. LW	1,6 VE	2,4 VE	3,2 VE	4,0 VE	4,8 VE	5,6 VE
Wirkl. Mittelwert	1,2 „	2,0 „	2,8 „	3,5 „	4,3 „	5,1 „
Mittelw. f. 2 Gr.	2,4 „	4,0 „	5,6 „	7,0 „	8,6 „	10,2 „
Mittelw. m. Zuwachs	2,75 „	4,4 „	6,1 „	7,5 „	9,2 „	10,2 „
Gesamtwählerzahl	7	10	14	17	20	22
Vorhandene Wähler	9	12	15	18	21	24
	Zusammenfassung von 2 AS- u. LW-Gruppen					
Wirkl. Mittelwert AS + LW	2,85 VE	4,5 VE	6,3 VE	8,0 VE	9,7 VE	11,45 VE
Mittelw. f. 2 Gr.	5,7 „	9,0 „	12,6 „	16,0 „	19,4 „	22,9 „
Mittelw. m. Zuwachs	6,2 „	9,7 „	12,6 „	16,0 „	19,4 „	22,9 „
Gesamtwählerzahl	15	20	25	30	35	40

Zweckmäßig wird man daher die Spitzen- und Doppelbefriebswähler unterteilen und jedem AS und LW-Rahmen einer Gruppe die Hälfte dieser Wähler zuordnen, wodurch auch nur sechs Rahmentypen benötigt werden. Beim Spitzenverkehr werden die Spitzenwähler als AS stets zuerst aus dem eigenen Rahmen genommen. Die Vielfachfelder beider Rahmen werden dann mit einem Kabel zu 200 Adergruppen untereinander verbunden. Man erhält dann folgende Rahmentypen:

Die ersten und zweiten Rahmen werden nicht unterteilt, weil ihre Wählerzahl zulässig ist.

Tabelle 6.

	AS	LW	AS und LW	Gesamte Wählerzahl
3. Rahmen	5	5	3	13
4. Rahmen	6	6	3	15
5. Rahmen	7	7	4	18
6. Rahmen	8	8	4	20

Bei den Rahmen 3 und 5 braucht bei der Zusammenfassung zweier Rahmen in einem Rahmen ein Spitzen- und Doppelbetriebswähler nicht eingebaut werden. Die Schaltungsanordnung wird so getroffen, daß stets, wie schon erwähnt, zuerst die eigenen Wähler und dann erst die Spitzen- und Doppelbetriebswähler und von diesen wieder als AS zuerst die Wähler des eigenen Rahmens in Betrieb genommen werden.

Durch eine derartige Zusammenfassung von Wählern erspart man gegenüber einzelnen Gruppen etwa 37,5% an Wählern, 25% an Kontaktgruppen und erheblich an Verbindungskabeln und Lötstellen.

Wollte man zwischen den vorgesehenen Verkehrsstufen noch weitere Stufen für eine Sprechmöglichkeit von 7, 9, 11, 13 und 15 schaffen, so kann dies durch Erweiterung oder Verminderung entweder der den Gruppen unmittelbar zugeordneten Wähler oder der Spitzenwähler um je einen Wähler geschehen. Die Rahmen 3 und 5 lassen den Einbau eines weiteren Spitzenwählers ohne weiteres zu. Für die anderen Fälle müßten dann Rahmen der nächst höheren Stufe mit teilweisem Einbau der Wähler genommen werden.

Sollen spätere Erweiterungsmöglichkeiten vorgesehen werden, so werden Rahmen dieser Größe genommen und zunächst nur die zuerst erforderlichen Wähler eingebaut. Später erfolgt dann der weitere Ausbau nach Bedarf.

Die Wählerrahmen der Gruppenwähler in den großen Gruppen zeigen keine Besonderheiten und werden durch die Zusammenfassung der AS und LW nicht berührt. In allen Gruppenwahlstufen werden gleichartige Gruppenwähler in gleichem Rahmen zu je 20 Wählern zusammengefaßt und die Kontakte vielfach geschaltet.

Bei der Verbindung der letzten GW-Stufe mit den LW ist aber zu beachten, daß bei mehr als zehn LW je Gruppe eine besondere Schaltung der Leitungen aus den GW-Rahmen zu den LW vorzusehen ist. Dazu ist die Ermittlung der Zahl der GW-Rahmen bei den verschiedenen Verkehrswerten erforderlich.

Zur Beurteilung der verschiedenen Vielfach-Schaltmöglichkeiten sind in der nachfolgenden Aufstellung Tabelle 7 zunächst die Sprechmöglichkeiten je 100er-Gruppe, der Verkehrswert der letzten Gruppenwählerstufe je 1000er-Gruppe, die Zahl der GW und die Zahl der Rahmen angegeben, wenn 20 Wähler je Rahmen vorgesehen werden.

Daraus ersieht man, welche Möglichkeiten von Vielfachschaltungen von Rahmen bei den verschiedenen Sprechmöglichkeiten vorliegen, wobei zu beachten ist, daß die Kontakte der 20 Wähler jedes Rahmens in jeder Dekade schon vielfach geschaltet sind. Die

T a b e l l e 7.

Sprechmöglichkeit je 100er-Gruppe	Verkehrswert je 1000er-Gruppe	Zahl der GW je 1000er-Gruppe	Zahl der GW Rahmen
6	15 VE	32	2
8	25 „	48	3
10	34 „	64	4
12	43 „	76	4
14	51 „	88	5
16	58 „	100	5

Leitungen von den Kontakten 1 bis 5 der vielfachgeschalteten GW
führen stets zu den eigenen LW der Gruppen, die Leitungen von
den Kontakten 6 bis 10 zu den Spitzen- und Doppelbetriebswählern
beider Gruppen. Bei zehn Sprechmöglichkeiten und weniger sind
alle GW-Rahmen vielfachgeschaltet, bei mehr als zehn Sprechmöglichkeiten werden zwei Gruppen gebildet, wobei bei ungerader
Zahl der GW-Rahmen ein Rahmen zu unterteilen ist.

Bei zwölf Sprechmöglichkeiten je 100er-Gruppe führen von zwei
vielfachgeschalteten GW-Rahmen die Leitungen zu den eigenen
LW 1, 3, 4, 5, 6 und zu den gemeinsamen LW 7, 9, 10, 11, 12, von
den beiden anderen GW-Rahmen zu den eigenen LW 2, 3, 4, 5, 6
und zu den gemeinsamen LW 8, 9, 10, 11, 12. Bei sechzehn Sprechmöglichkeiten führen von 2, 5 vielfachgeschalteten GW-Rahmen die
Leitungen zu den eigenen LW 1, 2, 3, 7, 8 und zu den gemeinsamen
LW 9, 11, 13, 15, 16 von der zweiten Gruppe der GW-Rahmen zu
den eigenen LW 4, 5, 6, 7, 8 und zu den gemeinsamen LW 10, 12,
14, 15, 16. Bei einer ungeraden Zahl der GW-Rahmen muß daher
ein Rahmen mit zwei Gruppen von je zehn vielfachgeschalteten
Wählern versehen sein, die je den beiden Gruppen zugeteilt werden.

Der Aufbau der Wählerrahmen und die Gruppierung der AS
und LW mit Spitzen- und Doppelbetriebswählern in dieser Weise
ergibt die zweckmäßigste und wirtschaftlichste Lösung.

7. Die Schaltung der Vorwahlstufe
mit der Teilnehmerschaltung.

In der Vorwahlstufe des Motorwählersystems werden AS verwendet, die einmal den Gruppen in gewöhnlicher Weise unmittelbar zugeordnet sind, zum anderen haben zwei Gruppen noch gemeinsame AS für den Spitzenverkehr, die ein doppeltes Kontaktfeld besitzen. Die erste Hälfte der Sprechmöglichkeiten der Gruppen,

über die der Hauptverkehr fließt, verläuft über die eigenen AS, die letzte Hälfte, die den Spitzenverkehr führt, über die gemeinsamen AS. Die AS können nun mit den I. GW in der verschiedensten Weise in Verbindung stehen; als einfache AS, als doppelte AS oder in Verbindung mit MW, wobei auch Sparschaltung verwendet werden kann. Alle diese verschiedenen Verbindungsmöglichkeiten der AS mit den I. GW sind in Abb. 21 dargestellt.

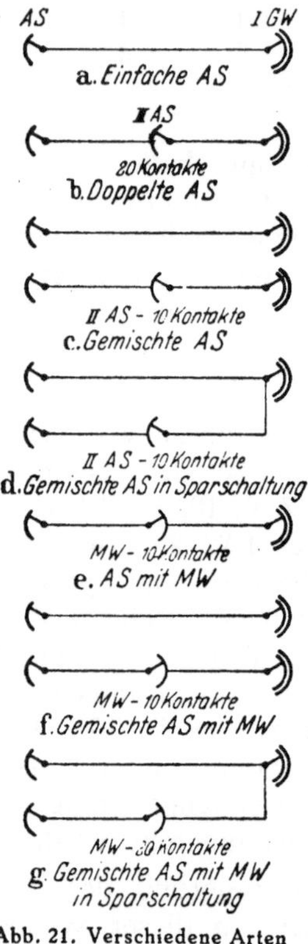

Abb. 21. Verschiedene Arten der AS-Schaltungen.

In Abb. 21 a wird die einfache AS-Schaltung angegeben, bei der jeder AS unmittelbar mit einem 1. GW in Verbindung steht. Abb. 21 b zeigt die Schaltung mit doppelten AS, bei der zwischen I. AS und I. GW ein II. AS eingeschaltet ist. Abb. 21 c gibt eine Schaltung mit teilweiser Benutzung von II. AS an, bei der es sowohl unmittelbare Verbindungen der I. AS mit den I. GW, als auch mittelbare Verbindungen über II. AS und zwei Gruppen von I. GW gibt. Die unmittelbaren Verbindungen umfassen die erste Hälfte der Sprechmöglichkeiten einer Gruppe, die mittelbaren Verbindungen die zweite Hälfte, die aber auch von einer zweiten Gruppe für den Spitzenverkehr mitbenutzt werden. Die unmittelbar erreichbaren I. GW sind den einzelnen Gruppen zugeordnet, die mittelbar über II. AS erreichbaren I. GW sind allen Gruppen zugänglich. Abb. 21 d zeigt die teilweise Benutzung der II. AS in Sparstellung, bei der I. GW erspart werden. Die den einzelnen Gruppen zugeordneten I. GW werden über die II. AS allen Gruppen zugänglich gemacht. In Abb. 21 e ist die Verwendung von MW angegeben, bei der an Stelle der II. AS, MW eingeschaltet sind.

Abb. 21 f zeigt eine Schaltung mit teilweiser Verwendung von MW, wo eine Gruppe I. GW unmittelbar mit AS in Verbindung steht und eine Gruppe von I. GW für den Spitzenverkehr über MW erreicht wird. Abb. 21 g gibt die Sparschaltung bei teilweiser Verwendung von MW an, bei der wieder I. GW erspart werden. Es fragt sich, welche von diesen Schaltungen ist die zweckmäßigste und bietet die größten wirtschaftlichen Vorteile.

Zur Beurteilung ist für jede dieser Schaltungen der erforderliche Aufwand zu ermitteln. Da zweckmäßig Gruppen von 2000 Anschlüssen gebildet werden, um die beste Ausnutzung der I. GW zu ermöglichen, so ist dafür der Aufwand festzulegen.

In der nachfolgenden Aufstellung sind die Sprechmöglichkeiten und die Verkehrswerte je 100er-Gruppe in Verkehrsstufen entsprechend den vorgesehenen Rahmen, die Verkehrswerte dieser Stufen je 2000er-Gruppe und 18% bis 13% davon als Spitzenverkehr, der über die letzte Hälfte der Sprechmöglichkeiten fließt, sowie die Zahl der I. GW bei einfachen AS nach Abb. 21 a angegeben. Die Verteilung des Haupt- und Spitzenverkehrs für die verschiedenen Sprechmöglichkeiten wird später noch genau angegeben werden.

Tabelle 8.

Sprech-möglichkeit je 100er-Gruppe	Verkehr je 100er-Gruppe	Verkehr je 2000er-Gruppe	Spitzenverkehr 18 % bis 13 %	Zahl der I. GW, Abb. 21a
6	2 VE	33 VE	5,93 VE	90
8	3 „	54 „	9,2 „	120
10	4 „	73 „	11,0 „	150
12	5 „	92 „	12,9 „	180
14	6 „	110 „	14,9 „	210
16	7 „	128 „	16,7 „	240 .

Weiter folgt die Aufstellung der Wählerzahlen für die drei Schaltungen mit II. AS, Abb. 21 b bis 21 d, wo bei der teilweisen Verwendung der II. AS über diese nur der schon angegebene Spitzenverkehr fließt. Wichtig dabei ist die Bestimmung der jeweilig erforderlichen Kontaktzahl der II. AS, die so groß sein muß, daß jeder damit verbundene I. GW jeden Anschluß erreichen kann.

Tabelle 9.

Sprechmöglichkeit je 100er-Gruppe	Schaltung Abb. 21 b		Abb. 21 c		Abb. 21 d	
	II. AS 20 Kont.	I. GW	II. AS 10 Kont.	I. GW	II. AS 10 Kont.	I. GW
6	47	47	12	60 + 12 = 72	60	60
8	68	68	17	80 + 17 = 97	80	80
10	90	90	20	100 + 20 = 120	100	100
12	110	110	23	120 + 23 = 143	120	120
14	135	135	25	140 + 25 = 165	140	140
16	156	156	27	160 + 27 = 187	160	160

Es folgt jetzt die Aufstellung der Wählerzahlen für die drei Schaltungen mit MW, Abb. 21 e bis g, bei denen ebenfalls nur der Spitzenverkehr über die MW fließt, wenn diese teilweise verwendet werden. Auch hierbei wird die Zahl der Kontakte der MW so bestimmt, daß jeder von den MW erreichbare I. GW mit jedem Anschluß in Verbindung treten kann.

Tabelle 10.

Schaltung Abb. 21 e			Abb. 21 f		Abb. 21 g	
Sprechmöglichkeit je 100er-Gruppe	MW 10 Kont.	I. GW	MW 10 Kont.	I. GW	MW 20 Kont.	I. GW
6	90	47	30	72	30	60
8	120	68	40	97	40	80
10	150	90	50	120	50	100
12	180	110	60	143	60	120
14	210	135	70	165	70	140
16	240	156	80	187	80	160

Zum Vergleich des Aufwandes in den verschiedenen Schaltungen muß ein Wertverhältnis zwischen II. AS und MW mit 10 Kontakten und II. AS und MW mit 20 Kontakten zu den I. GW festgelegt werden. Setzt man den Wert der II. AS und MW mit 10 Kontakten gleich $1/_4$ des Wertes eines I. GW und den Wert der II. AS und MW mit 20 Kontakten gleich $3/_8$ des Wertes eines GW fest, so ergeben sich für die verschiedenen Schaltungen folgende Werte als Aufwand für II. AS, MW und I. GW in I. GW-Einheiten, deren Zahl sich nach den verschiedenen Schaltungen richtet.

Tabelle 11.

Sprech-möglich-keit je 100er-Gr.	Abb. 21a	Abb. 21b	Abb. 21c	Abb. 21d	Abb. 21e	Abb. 21f	Abb. 21g
6	90 E	64,6 E	75,0 E	75,0 E	69,5 E	79,5 E	71,3 E
8	120 „	93,5 „	101,3 „	100,0 „	98,0 „	107,0 „	95,0 „
10	150 „	123,8 „	125,0 „	125,0 „	127,5 „	132,5 „	118,7 „
12	180 „	151,3 „	148,7 „	150,0 „	155,0 „	158,0 „	142,5 „
14	210 „	185,6 „	171,2 „	175,0 „	187,5 „	182,5 „	166,0 „
16	240 „	214,5 „	193,7 „	200,0 „	216,0 „	207,0 „	190,0 „
Summe	990 E	833,3 E	814,9 E	825,0 E	853,5 E	866,5 E	783,5 E

Zur Beurteilung der besten Schaltung wird zweckmäßig der Summenwert des Aufwandes für alle Sprechmöglichkeiten genommen, wodurch der Einfluß von zufälligen Wertschwankungen einzelner Sprechmöglichkeiten ausgeglichen wird.

Unter diesen Voraussetzungen ergibt sich, daß MW in Sparschaltung nach Abb. 21 g wirtschaftlich bei weitem die günstigste

Lösung darstellen. Die Schaltungen Abb. 21 b und 21 d sind nahezu als gleichwertig anzusehen, erfordern aber einen etwas größeren Aufwand als Abb. 21 c, die der günstigsten Lösung mit Abstand folgt.

Die Teilnehmerschaltung bei AS kann aus einem Stufenrelais oder aus zwei kleinen Relais bestehen, wie in Abb. 22 dargestellt ist. Das Stufenrelais wirkt zuerst als Anrufrelais in erster Stufe, die durch zwangläufige Schaltung gesichert ist, dann nach dem Aufprüfen des AS als Trennrelais in zweiter Stufe. Zweckmäßig werden die Prüfkontakte vom AS und vom LW zusammengelegt, um Bankkontakte an den Doppelbetriebswählern zu ersparen. Damit

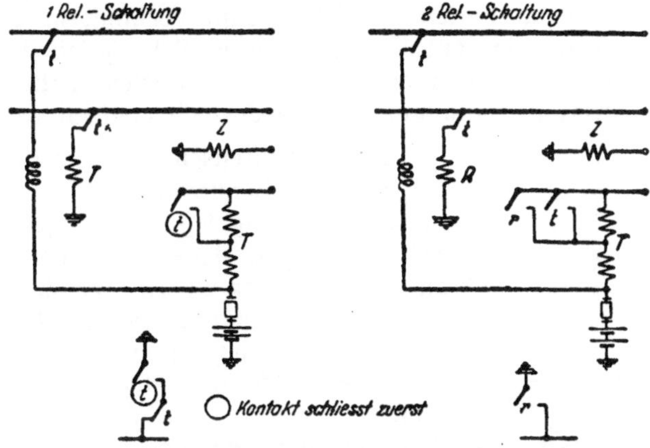

Abb. 22. Teilnehmerschaltung bei AS mit 1 und 2 Relais.

bei dieser Anordnung die AS nicht auf nichtrufende Leitungen prüfen, werden die Teilnehmerrelais sehr hochohmig gemacht, so daß die Prüfrelais der AS beim Überprüfen der Kontakte nicht ansprechen. Eine rufende Leitung wird in beiden Fällen mit einem und zwei Relais je Teilnehmer durch Kurzschluß der hochohmigen Wicklung des Teilnehmerrelais gekennzeichnet. Bei der Prüfung durch einen LW spricht zunächst dessen Prüfrelais über die hochohmige Wicklung des Teilnehmerrelais auch nicht an. Da aber dieser Prüfvorgang längere Zeit dauert, so spricht nach einiger Zeit das Teilnehmerrelais an, schließt seine hochohmige Wicklung kurz, worauf dann das Prüfrelais des LW anspricht. Die Zeiten bei diesen Schaltvorgängen sind folgende:

Bei einer Drehgeschwindigkeit der AS von 80 Schritten je Sekunde beträgt die Zeit je Schritt 12,5 ms. Die Fehlstromzeit der AS Prüfrelais unter Berücksichtigung der Breite der Kontakte beträgt etwa 10 ms. Das Teilnehmerrelais T soll in etwa 20 ms ansprechen. Da die Prüfzeit im LW etwa 100 ms beträgt, so ist eine große Zeitsicherheit für die Prüfrelais sowohl bei AS, als auch bei LW vorhanden.

8. Die Kettenschaltung der Anrufsucher.

AS einer Gruppe können entweder gleichzeitig oder nacheinander mit Hilfe von Verteilerwählern oder von Kettenschaltungen in Betrieb gesetzt werden. Alle diese Verfahren haben ihre besonderen Eigenschaften. Beim gleichzeitigen Laufen werden die Wartezeiten verkürzt und fehlerhafte AS von vornherein ausgeschieden, es muß aber Vorsorge gegen Doppelprüfen getroffen werden. Beim Nacheinanderlaufen kann Doppelprüfen nicht vorkommen, jedoch muß Vorsorge getroffen werden, daß gestörte AS nicht den ganzen Betrieb der Gruppe aufhalten oder überhaupt verhindern. Dabei bedeuten Verteilerwähler zentrale, mechanische Schaltglieder, die einen Ersatz in Störungsfällen erfordern, während Kettenschaltungen einfacher sind. Kettenschaltungen werden deshalb vielfach vorgezogen.

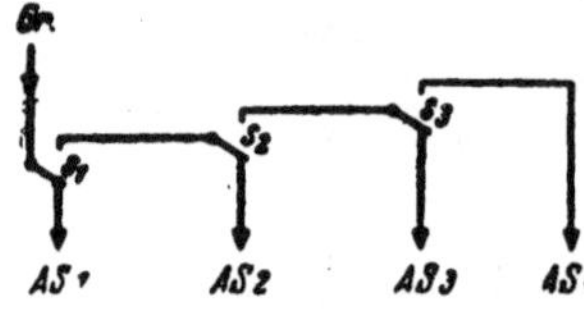

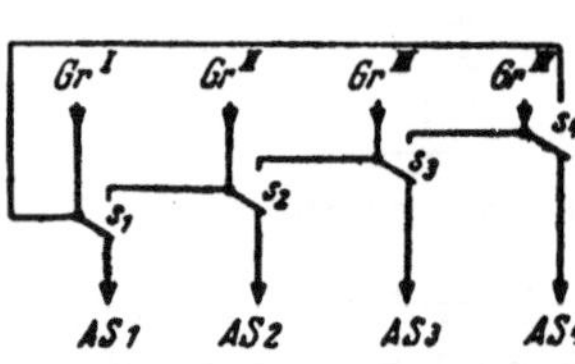

In einer Kettenschaltung ist die Reihenfolge in der Benutzung der AS durch die Schaltung festgelegt. In gewöhnlicher Schaltung wird dabei stets der erste AS zuerst, dann der zweite, weiter der dritte AS usw. nacheinander belegt. Abb. 23 oben zeigt diese Schaltung, bei der die Steuerkontakte S_1, S_2 usw. nach der Inbetriebnahme des jeweiligen AS umgelegt werden und die Belegung des nächsten AS vorbereiten. Um die durch eine derartige Reihenfolge entstehende ungleiche Belastung der AS zu vermeiden, läßt sich die Kettenschaltung zu einer Kreiskettenschaltung erweitern, indem gewissermaßen Anfang und Ende der Kette miteinander verbunden werden. Weiter werden Gruppen von Teilnehmern gebildet, die an verschiedenen Stellen der Kreiskettenschaltung in die Kette eintreten und so eine gleichmäßige Belastung der AS ermöglichen, wie Abb. 23 unten erkennen läßt.

Abb. 23. AS-Kettenschaltungen.
Oben: Gewöhnliche Kettenschaltung.
Unten: Kreis-Kettenschaltung.

Diese Schaltung reicht aber nicht aus, wenn AS mit gleicher Kontaktzahl gestaffelt werden sollen, oder wenn AS mit unterschiedlichen Kontaktzahlen ausgerüstet sind und die AS mit größerer Kontaktzahl nur als Spitzenwähler verwendet werden sollen, was einer Staffelung gleichkommt. Eine Staffelung setzt zwar von vornherein eine unterschiedliche Benutzung der AS voraus, läßt aber einen Belastungsausgleich innerhalb der einzelnen Staffelgruppen zu. Es fragt sich, wie kann eine nacheinander erfolgende Einschaltung von Staffelgruppen und ein Ausgleich der Belastung in den Staffelgruppen erreicht werden?

Die Kreiskettenschaltung versagt hier, weil ein Übergang aus einer Staffelgruppe in eine andere nicht möglich ist. Die Lösung der Aufgabe muß daher in anderer Weise erfolgen.

Eine gleichmäßige Belastung der AS und ein Übergang in eine andere Staffelgruppe läßt sich dadurch erreichen, daß die AS sowohl von vorn, z. B. von 1 bis 12, als auch von hinten, von 12 bis 1, bei Bildung von zwei anrufenden Gruppen eingeschaltet werden, wobei ein Übergang beim Besetztsein aller AS in eine andere Staffelgruppe ohne weiteres möglich ist. Der dadurch erreichte Belastungsausgleich ist überraschend gut. Angenommen, es sei eine

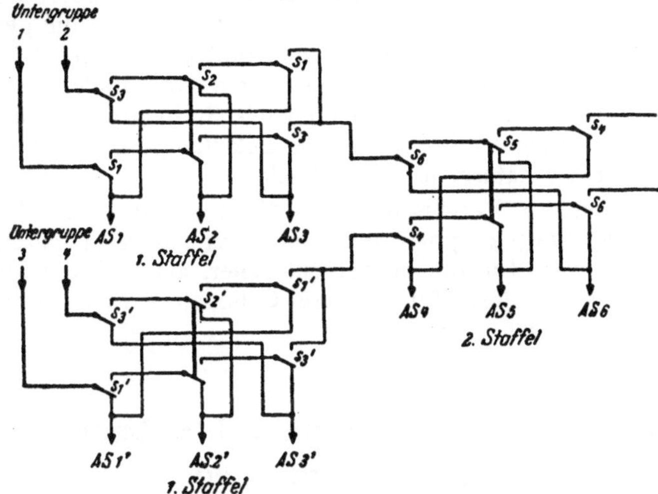

Abb. 24. AS-Kettenschaltung für Staffelungen.

Kettenschaltung für zwei Staffelgruppen zu entwickeln, von der die zweite Staffelgruppe AS mit der doppelten Kontaktzahl der ersten Staffelgruppe besitzt, die als Spitzenwähler verwendet werden sollen. Es besitzen daher zwei Teilnehmergruppen je eigene AS mit einfachem Kontaktfeld und dann gemeinsame AS mit doppeltem Kontaktfeld für den Spitzenverkehr.

Zweckmäßig werden hierfür die beiden Teilnehmergruppen noch mehr unterteilt und vier Gruppen von Teilnehmern gebildet, denen jede zunächst eine Kettenschaltung gewöhnlicher Art für die eigenen AS der ersten Staffelgruppe zugeordnet ist, wie Abb. 24 ersehen läßt. Die AS erhalten dafür je zwei Steuerkontakte für die beiden zugehörigen Untergruppen. Die Zugänge zu den AS werden zwischen den zwei Kettenschaltungen der dazugehörigen Untergruppen vertauscht, entsprechend den bisherigen Ausführungen, so daß die erste Untergruppe die AS der Reihe nach von vorn von 1 bis 12 und die zweite Untergruppe von rückwärts von 12 bis 1 belegt. Die dritte und vierte Untergruppe wird durch Kettenschaltungen dementsprechend auf ihre eigenen AS geschaltet.

Bei den AS der Spitzengruppe werden die Steuerkontakte in gleicher Weise in zwei einfachen Kettenschaltungen untereinander verbunden und werden die Zugänge zu den AS ebenfalls entsprechend gegenseitig vertauscht und die AS von vorn und hinten der Reihe nach eingeschaltet. Die Enden der Kettenschaltungen der vier Untergruppen werden zu je zwei Teilnehmergruppen zusammengefaßt und mit den Eingängen der beiden Kettenschaltungen zu der Spitzengruppe verbunden, wie aus Abb. 24 zu ersehen ist.

Man erhält bei dieser Lösung der Aufgabe eine besondere Kettenschaltung, bei der zuerst die eigenen AS und dann erst die gemeinsamen AS abgesucht und belegt werden und bei der die AS jeder Staffelgruppe sowohl vom Anfang als auch vom Ende der Kette genommen werden, so daß innerhalb jeder Staffelgruppe eine ausgeglichene Belastung erreicht wird. Die Belastung der verschiedenen Staffelgruppen ist naturgemäß verschieden.

Diese besondere Kettenschaltung, die man auch áls Kettenschaltung bei Staffelgruppen mit Belastungsausgleich bezeichnen könnte, gilt sowohl für AS mit verschiedener, als auch mit gleicher Kontaktzahl, wenn diese für größere Gruppen parallel geschaltet und gestaffelt werden.

9. Waagerechte oder senkrechte Anordnung der Wählerrahmen.

Für den Aufbau des Motorwählersystems ist die Frage, wie sollen die Wählerrahmen angeordnet werden, waagerecht oder senkrecht, wichtig und von großer Bedeutung. Die Frage ist etwas schwierig zu beantworten, weil ohne weiteres eine eindeutige Überlegenheit der einen oder anderen Anordnung nicht zu ersehen ist und beide Anordnungen Vorteile und Nachteile besitzen, die gegenseitig abgewogen werden müssen.

Die waagerechte Anordnung der Rahmen hat den Vorteil, daß die Kontakte der Wähler senkrecht stehen und deshalb weniger der Verstaubung ausgesetzt sind, hat aber den Nachteil einer weniger anpassungsfähigen und etwas schwereren Bauweise, weil die Räume durch die Länge der waagerecht angeordneten Rahmen nicht immer gut ausgenutzt werden können, was unter Umständen einen recht großen Einfluß haben kann und die Rahmen kräftiger ausgeführt werden müssen, um ein zu großes Durchhängen derselben zu vermeiden. Außerdem werden für die Aufhängung der Rahmen besondere Gestellstützen benötigt.

Die senkrechte Anordnung der Rahmen ermöglicht beste Raumausnutzung und leichte Bauweise; da aber die festen Kontakte der Wähler hierbei waagerecht stehen, so ist die obere Kontaktfläche einer größeren Verstaubung ausgesetzt als die untere, wodurch eine verschiedene Abnutzung der oberen und unteren Kontaktbürste eintreten kann. Es ist daher zu untersuchen, welche technischen und wirtschaftlichen Einflüsse diese Vor- und Nachteile haben und welche Bauweise auf Grund dieser Untersuchung vorzuziehen ist.

Zunächst ist man geneigt, da die wichtigste Stelle im Wähleramt eine gute-Kontaktstelle ist, die infolge ihrer großen Zahl und ihres großen Einflusses auf eine gute Sprechverständigung eine beherrschende Stellung einnehmen muß, die waagerechte Anordnung der Rahmen mit senkrechtstehenden und daher wenig verstaubenden Kontakten vorzuziehen und die weniger günstige Bauweise zu nehmen. Es ist aber zu prüfen, ob diese naheliegende Lösung auch wirklich technisch und wirtschaftlich vollkommen begründet ist und deshalb die Nachteile der weniger günstigen Bauweise in Kauf genommen werden müssen.

Die Motorwähler besitzen eine doppelte Kontaktgabe und umfassen die bewegten Bürsten die festen Kontakte von beiden Seiten. Wenn bei senkrechter Anordnung der Rahmen die festen Kontakte waagerecht liegen und die obere Kontaktfläche der Verstaubung ausgesetzt ist, so ist die untere Kontaktfläche um so sauberer. Andererseits erfolgt die Bewegung der Bürsten stets in einer Richtung und bei jeder Einstellung werden alle Kontakte überfahren, so daß die Kontakte dadurch gewissermaßen stets gereinigt werden. Es hat sich bisher nicht gezeigt, daß ein Unterschied im Kontaktwiderstand und damit in der Güte der Kontaktgabe bei waagerechter oder senkrechter Anordnung der Kontakte bei gleicher Beanspruchung besteht, wenn die Kontaktbürsten bei gleichem Kontaktdruck die Kontakte von beiden Seiten umfassen. Die eigentliche Kontaktgabe bei senkrechter Anordnung der Rahmen ist daher ebenso gut wie bei waagerechter Anordnung der Rahmen mit senkrechtstehenden Kontakten. Es tritt aber mitunter eine gewisse einseitige Abnutzung der oberen Bürste auf, wodurch eine gewisse ! flegearbeit verursacht wird, was bei senkrechtstehenden Kontakten nicht beobachtet wird. Es stehen sich daher nicht verschieden gute Kontaktgabe, sondern ungleiche Abnutzung der Bürsten mit der dadurch verursachten Pflegearbeit und weniger gute Bauweise gegenüber, was gegeneinander abzuwägen ist.

Die ungleiche Abnutzung der Bürsten ist verhältnismäßig gering und erst nach mehreren Betriebsjahren zu beobachten. Ein Eingreifen der Pfleger zur Regelung oder zur Auswechselung der Bürsten wird erst im Mittel nach etwa fünf Betriebsjahren wünschenswert sein. Die weniger günstige Bauweise vergrößert den Raumbedarf, weil die Räume nicht so vollkommen wie bei senkrechten Rahmen ausgenutzt werden können und vergrößert die Anlagekosten, weil die Rahmen kräftiger ausgeführt werden müssen und neue Gestellstützen hinzukommen.

Da die Raumausnutzung um so günstiger ist, je schmaler die Rahmen sind, so könnte man bei waagerechter Anordnung versuchen, die Raumausnutzung durch Verkleinerung der Rahmen zu verbessern. Dadurch wird aber die Zahl der Rahmen größer und die Verkabelung umfangreicher, so daß wieder die Anlagekosten vergrößert werden. Was daher an einer Stelle gewonnen wird, geht an anderer Stelle wieder verloren. Die Verminderung der Raumausnutzung bei waagerechten Rahmen kann beträchtlich sein und kann bei ungünstiger Abmessung der Räume bis zu 30% und mehr betragen. Man muß daher vergleichen die größeren Instandhaltungskosten durch Regelung der Bürsten mit den größeren jährlichen Raum- und Anlagekosten. Maßgebend für die Beurteilung der Wirtschaftlichkeit verschiedener Anordnungen sind stets die jährlich entstehenden Betriebskosten, die für die verschiedenen Anordnungen zu ermitteln und miteinander zu vergleichen sind.

Die Ermittlung der größeren Instandhaltungskosten ist auf Grund der bisherigen Erfahrungen an Hand der vorgekommenen Pflegearbeiten nicht allzu schwierig, wohl aber diejenige der größeren Raum- und Anlagekosten. Die verschiedene Ausnutzung der Räume, besonders kleiner Räume, durch waagerecht oder senkrecht angeordnete Rahmen ist als Mittelwert nicht so einfach festzustellen, weil die Verschiedenheit der Ausnutzung von der Größe und Gestaltung der Räume abhängt, die sehr unterschiedlich ist. Ebenso kann auch die Vergrößerung der Anlagekosten entsprechend den verschieden großen Rahmenausführungen verschieden angenommen werden, was aber bei weitem nicht so großen Schwankungen unterworfen ist, wie bei der Verschiedenheit in der Ausnutzung der Räume. Man wird sich daher mit angenäherten Mittelwerten begnügen müssen.

Rechnet man auf Grund der Erfahrungen nach fünf Betriebsjahren für die Regelung der Bürsten bei Verwendung von nichtrostendem Stahl mit einem Mittelwert je Wähler von 1 Arbeitsstunde einschl. Entstaubung, so macht dies auf das Jahr bezogen 0,2 Arbeitsstunden je Wähler aus. Zum Vergleich soll bei weniger günstiger Bauweise für die weniger gute Raumausnutzung als Mittelwert nur mit ½ der möglichen Verminderung der Raumausnutzung von 30% gleich 15% und mit einem größeren Anlagekapital durch die stärkere Ausführung der Rahmen und durch zusätzliche Gestellstützen von 2% gerechnet werden. Verkleinert man die Rahmen, um die Räume besser auszunutzen und eine Erleichterung beim Aufbau zu erlangen, so wird wohl dadurch die Raumausnutzung besser, es wird aber dann die Zahl der Rahmen beträchtlich vergrößert und die Verkabelung beachtlich umfangreicher, so daß dadurch die Vergrößerung der Anlagekosten erheblich wird. Der geringste Mehraufwand wird bei Beibehaltung der Rahmengröße erhalten, mit der deshalb hier gerechnet werden soll. Die jährlichen Kosten für den Mehrbedarf an Raum und die jährlichen Kosten für den Mehrbedarf an Anlagekapital, das ist Abschreibung und Verzinsung des Mehrbedarfs, werden zum Vergleich zweckmäßig auf Arbeitsstunden je Wähler und Jahr in folgender Weise umgerechnet.

Die Raumkosten machen von den jährlichen Amtsbetriebskosten etwa 10% aus. Bei einem um 15% größeren Raumbedarf werden daher $10.0,15 = 1,5\%$ größere Amtsbetriebskosten dafür benötigt. Die jährlichen Betriebskosten des Anlagekapitals, also Abschreibung und Verzinsung, machen etwa 50% der Amtsbetriebskosten aus; bei 2% größerem Anlagekapital entstehen daher $50 \cdot 0,02 = 1\%$ größere Amtsbetriebskosten. Zusammen werden daher bei ungünstiger Bauweise $1,5 + 1 = 2,5\%$ größere Amtsbetriebskosten benötigt. Diese größeren Amtsbetriebskosten müssen auf den Wähler bezogen werden, wobei als jährliche Kosten im allgemeinen 20% des Anlagekapitals gerechnet werden.

Rechnet man als mittlere Anlagekosten eines in Betrieb befindlichen Wählers mit allem Zubehör, umgerechnet in Arbeitsstunden, mit etwa 65 Arbeitsstunden und 20% davon als jährliche Gesamtbetriebskosten, also einschl. Kapital-, Personal-, Energie-, Material- und Raumkosten, das sind $65 \cdot 0,20 = 13$ Arbeitsstunden, so ergeben sich für die ungünstigere Bauweise auf jährliche Arbeitsstunden je Wähler umgerechnet $13 \cdot 0,025 = 0,325$ Arbeitsstunden.

Es ergibt sich daher für die senkrechte Anordnung der Rahmen ein Mehraufwand an Pflege, je Jahr und Wähler, von etwa 0,2 Arbeitsstunden und für die waagerechte Anordnung ein Mehraufwand an Raum- und Anlagekosten von 0,325 Arbeitsstunden. Die senkrechte Anordnung der Rahmen ist daher günstiger und deshalb vorzuziehen, ganz entgegen der zuerst naheliegenden Annahme, wobei die weniger günstige Raumausnutzung sehr vorsichtig mit nur ½ des möglichen Wertes eingesetzt und die Verminderung der Transport- und unter Umständen auch der Zollkosten nicht berücksichtigt wurde.

10. Der Staubschutz der Wählereinrichtungen.

Die Wählereinrichtungen bestehen hauptsächlich aus feinen elektromagnetischen Schaltern, wie Wähler und Relais, die in bestimmter Weise Kontakte schließen und öffnen, wodurch die Verbindungen hergestellt werden. Die Kontakte sind grundsätzliche Schaltelemente von großer Bedeutung, deren Güte ausschlaggebend für einen guten Betrieb ist. Sie bestehen aus edlen Druckkontakten und aus sehr vielen, etwa siebenmal so vielen unedlen Schleifkontakten. Druckkontakte haben gewöhnlich einen Kontaktdruck von 20 g, Schleifkontakte einen solchen von etwa 50 g.

Auf die Güte der Kontaktgabe hat unter anderem auch der Staub einen großen ungünstigen Einfluß. In dieser Beziehung sind Druckkontakte empfindlicher gegen Verstauben als Schleifkontakte, weil einmal der Druck kleiner ist und zum anderen sich Schleifkontakte durch den Schleifvorgang bei der Kontaktgabe selber reinigen, was bei Druckkontakten nicht der Fall ist. Unter dem Einfluß des Staubes versagen Druckkontakte plötzlich vollkommen und stellen gar keinen Kontakt her, während Schleifkontakte in diesen Fällen nur einen größeren Widerstand annehmen, aber unter der Einwirkung des Staubes gewöhnlich eine größere Abnutzung zeigen. Für Druckkontakte wurde deshalb schon frühzeitig ein wirksamer Schutz durch Kappen entwickelt. Druckkontakte werden gut eingekapselt und zeigt sich, daß der Staubschutz um so wirkungsvoller ist, je kleiner die Kappe genommen wird. Ein vollkommener Schutz durch luftdichten Abschluß kann aber praktisch nicht erreicht werden. Durch die natürliche Erwärmung und Abkühlung der Relais im Betriebe wird die Luft in der Kappe beeinflußt; bei Erwärmung wird sie z. T. aus der Kappe herausgedrückt, bei Abkühlung wieder aber mit Staub eingesogen. Die Kappe atmet gewissermaßen Staub ein. Je mehr Relais unter einer Kappe angeordnet werden, um so häufiger wird sich dieser Vorgang wiederholen, um so mehr Staub wird eingesogen werden. Ein derartiger Atmungsvorgang bringt aber erheblich weniger Staub auf die Kontakte, als wenn überhaupt keine Kappe vorhanden wäre. Natürlich schützt eine derartige Kappe nur gegen Staub, nicht gegen elektrische Beanspruchungen der Kontakte, die Abbrand und Spitzenbildung verursachen.

Um den Einfluß der Verstaubung bei Druckkontakten herabzusetzen, hat man außerdem mit großem Erfolg Doppelkontakte eingeführt, durch die die Kontaktstörungen sofort auf $1/40$ herabgesetzt wurden. Durch Doppelkontakte, die etwas unabhängig voneinander sein müssen, wird zwar die Verstaubung der einzelnen Kontakte nicht verhindert, doch tritt eine Verstaubung der beiden Kontakte gleichzeitig sehr selten ein. Die einzelnen Kontakte helfen sich gegenseitig über die eigene Störungszeit hinweg, denn sie werden beim Arbeiten nach einiger Zeit wieder gut.

Die Einkapselung der Schleifkontakte war dagegen bisher nicht allgemein üblich, denn die Praxis hat nicht ergeben, daß durch Einkapseln die Güte dieser Kontakte erheblich verbessert wird. Man kann aber trotzdem die Frage aufwerfen, ob es nicht doch zweckmäßig wäre, Schleifkontakte einzukapseln, nicht nur wegen der Güte der Kontakte, sondern weil auch die Abnutzung herabgesetzt und besonders die Entstaubung bedeutend erleichtert bzw. vermieden wird, die bisher recht unbequem war. Die Entstaubung feiner elektromagnetischer Schalter war stets eine nicht ganz einfache und zeitraubende Arbeit, weil die Verwendung von Preßluft nicht empfehlenswert ist und nur mit Saugluft mit Hilfe eines Pinsels entstaubt werden kann. Preßluft wirbelt den Staub wohl kräftig auf, der aber nicht vollkommen wieder abgesaugt wird und sich dann an anderen Stellen unerwünscht wieder niederschlägt.

Die Beantwortung der Frage, ob Wählerstaubschutzkappen empfehlenswert sind, erfolgt zweckmäßig wieder auf Grund einer Wirtschaftlichkeitsberechnung. Durch derartige Staubschutzkappen die die Überwachung und die Übersichtlichkeit der Einrichtungen nicht hindern dürfen und die deshalb ein großes Schaufenster zur Beobachtung des Arbeitens und der Stellung der Wähler erhalten, wird an Pflegearbeit die Beseitigung der ungleichen Abnutzungserscheinungen und Reinigung der Wähler gespart, dafür werden aber die Anlagekosten durch Aufwendungen für die Schutzkappen vergrößert. Um die Wirtschaftlichkeit zu klären, sind die jährlichen Betriebskosten für beide Fälle zu ermitteln und ist die Ersparnis an Pflegearbeit den jährlich entstehenden Kosten für die Schutzkappen gegenüberzustellen.

Entsprechend dem vorhergehenden Abschnitt kann man nach fünf Betriebsjahren für die Regelung der Bürsten bei Verwendung von nichtrostendem Stahl je Wähler eine Arbeitsstunde einschl. Entstaubung rechnen, so daß je Jahr und Wähler 0,2 Arbeitsstunden an Pflegearbeit entstehen. Rechnet man für die Schutzkappen, bezogen auf die betreffenden Wähler, 3% mehr Anlagekosten, so macht dies $50 \cdot 0{,}03 = 1{,}5\%$ größere jährliche Betriebskosten aus, weil Abschreibung und Verzinsung der Anlagekosten etwa 50% der Amtsbetriebskosten betragen.

Nimmt man wieder entsprechend dem vorhergehenden Abschnitt 65 Arbeitsstunden als mittlere Anlagekosten eines Wählers umgerechnet in Arbeitsstunden an und 20% davon als jährliche Betriebskosten, so sind das $65 \cdot 0,20 = 13$ Arbeitsstunden. Für den Mehrbedarf an Anlagekosten ergeben sich daher jährlich $13 \cdot 0,015 = 0,195$ Arbeitsstunden als Betriebskosten.

Es steht sich daher durch die Schutzkappen für die Schleifkontakte eine jährliche Ersparnis von 0,2 Arbeitsstunden mit einem Mehraufwand von 0,195 Arbeitsstunden gegenüber. Die Regelung der Bürsten wird zwar durch die Schutzkappen nicht vollkommen vermieden werden, doch wird sie dann gelegentlich mit anderen Instandsetzungsarbeiten vorgenommen werden können. Da man aber annehmen kann, daß durch Schutzkappen, infolge der geringeren Verstaubung, die Abnutzungserscheinungen auch an den anderen bewegten Teilen der Wähler nicht nur an den Schaltarmen ebenfalls herabgesetzt werden, was bisher in der Rechnung nicht berücksichtigt wurde, so stellt sich die Lösung mit Staubschutzkappen in Wirklichkeit günstiger als die Rechnung ergeben hat.

Schutzkappen können daher als wirtschaftlich angesehen werden, vorausgesetzt, daß der Aufwand für die Kappen das Anlagekapital nicht mehr als etwa 3% vergrößert.

11. Bedingungen eines neuzeitlichen, einheitlichen Wählersystems für den gesamten Fernsprechverkehr in den Ortsnetzen, Netzgruppen und Fernnetzen.

Auf Grund der bisher gesammelten zahlreichen Erfahrungen im Orts-, Netzgruppen- und Fernverkehr, soll ein neuzeitliches, einheitliches Wählersystem für Ortsnetze, Netzgruppen und Fernnetze zweckmäßig folgende grundsätzliche Bedingungen erfüllen, die teilweise zwar umstritten sind, für die aber die jeweils beste Lösung abgeleitet wird. Ein einheitliches Wählersystem für Orts- und Fernverkehr ergibt die beste und wirtschaftlichste Lösung, weil dann mit den geringsten Aufwendungen die größte Leistung erreicht werden kann.

a) Orts- und Netzgruppenverkehr bei selbsttätiger Wahl durch die Teilnehmer.

1. Schnelle und einfache Verbindungsherstellung ohne jede Verzögerung, mit klaren, leicht verständlichen Hörzeichen, mit sofortigem Ruf und sofortiger Rufstromabschaltung, mit vom Rufenden abhängender Auslösung, aber ohne dauernde Blockierung des Gerufenen, mit Fangen böswillig Rufender und mit Einfach- und Mehrfachzählung.

2. Beliebige, unbegrenzte Erweiterungsmöglichkeit auch mit verschiedenstelligen Teilnehmernummern, mit weitgehender Dezentrali-

sation bis zu den kleinsten Unterämtern mit zehn Teilnehmern mit und ohne eigene Batterie, mit Speisung von der nächsten Amtsbatterie und mit großer Reichweite.

3. Einfache, übersichtliche, möglichst zwangläufige Stromkreise, einfache Wähler und Relais mit großen Strom-, Kraft- und Zeitsicherheiten, mit Belegung nur betriebsfähiger Verbindungsglieder, mit bester Ausnutzung in großen vollkommenen und unvollkommenen Bündeln und mit zweiadrigen Verbindungsleitungen ohne Abriegelung im Ortsnetz.

4. Gute Verständigung, breites Frequenzband, kleine Sprechdämpfung, große Nebensprechdämpfung, gute Symmetrie, keine Wählergeräusche, möglichste Unabhängigkeit des Speisestromes vom Widerstand der Teilnehmerleitung.

5. Weitgehende optische und akustische Zeichengabe, einfache Pflege, leichte Verkehrsmessung, geringe Verluste durch Mangel an Verbindungsgliedern oder durch Störungen, keine Beeinflussung fremder Verbindungen durch Handhabungsfehler.

6. Anwendung von Nebenstellen jeder Größe, mit Auswahl freier Leitungen beim Anruf der Sammelnummer, aber ohne Auswahl beim Anruf der Nacht- oder Einzelnummern, mit der Möglichkeit der Durchwahl bis zur Nebenstelle über GW oder LW.

7. Verwendung von gesteuertem Umsteuerverkehr, von Zeitzonenzählern, von Fernwahl mit Wechselstrom- und Induktionsstromstößen, von Phantomkreisen, von doppeltgerichtetem und teilweise doppeltgerichtetem Verkehr.

Diese Bedingungen des Orts- und Netzgruppenverkehrs sind nicht so umstritten wie gewisse Bedingungen des Fernverkehrs bei halbselbsttätiger Wahl durch Beamtinnen, die noch eingehend behandelt werden.

b) Fernverkehr bei halbselbsttätiger Wahl durch Beamtinnen, bezogen nur auf den Ortsnetz- und Netzgruppenteil.

8. Aufschalten auf eine bestehende Ortsverbindung mit oder ohne Trennung derselben, mit oder ohne besonderes Fernbesetztzeichen.

9. Nachrufen vom Fernamt und Schlußzeichen zum Fernamt.

10. Auslösung nur durch die Fernbeamtin.

Umstritten ist die Bedingung 8, ob eine Ortsverbindung nach dem Aufschalten getrennt werden soll oder nicht und ob ein besonderes Fernbesetztzeichen gegeben und Aufschalten auf eine Fernverbindung verhindert werden soll. Dazu ist zu sagen:

Im allgemeinen haben Ferngespräche eine größere Bedeutung als Ortsgespräche, denn die Gebühren dafür sind infolge des teueren

Fernnetzes erheblich höher als für Ortsgespräche. Diese Bedeutung kann in einem gewissen Umfange aus den in den Anlagen festgelegten Werten ersehen werden. Während für einen Teilnehmeranschluß einschließlich des Ortsnetzes etwa 500 bis 1000 RM je nach der Größe des Ortsnetzes benötigt werden, sind für eine Fernleitung von 500 km Länge mehr als 100 000 RM erforderlich. Der Vergleich dieser beiden Werte zur Beurtcilung der Bedeulung des Fernverkehrs erscheint zulässig, weil beide Einrichtungen bei derselben Bündelung etwa denselben Verkehr führen können. Ferngespräche sind daher im allgemeinen sowohl für den Teilnehmer als auch für die Verwaltung wichtiger als Ortsgespräche. Ferngespräche werden deshalb mit Vorzug vor Ortsgesprächen hergestellt und Ortsgespräche vielfach zugunsten von Ferngesprächen getrennt.

Die Trennung von Ortsgesprächen durch das Fernamt ist aber schon immer eine unerfreuliche Angelegenheit gewesen. Unerfreulich nicht durch das Eintreffen einer Fernverbindung, sondern durch die gewöhnlich sehr hastige Art der Trennung mit vielfach unbefriedigender oder gar keiner Mitteilung seitens der Fernbeamtin. Das Bestreben der Fernbeamtin, dié Ausnutzung der Fernleitung durch schnelle Verbindungsherstellung zu steigern, ist nicht zu tadeln, wohl aber die häufig damit verbundene zu kurze und ungenügende, mitunter gar nicht erfolgende Mitteilung von dem Vorliegen einer Fernverbindung und der Trennung der bestehenden Ortsverbindung. In solchen Fällen könnte gewöhnlich ein Ortsgespräch mit wenigen Worten zufriedenstellend beendet werden, was aber durch die schnelle Trennung verhindert wird. Vielfach erfolgt überhaupt keine Mitteilung oder diese wird bei dem bestehenden Gespräch vollkommen überhört, so daß ein recht unbefriedigender Zustand besteht. Da bei hastiger Trennung unter Umständen auch falsche Teilnehmer getrennt werden können, wenn Irrtümer oder Fehler beim Verbindungsaufbau eirigetreten sind, die durch eine Nachfrage nach der erhaltenen Teilnehmernummer nicht bemerkt werden, so führt diese Art des Betriebes zu weiteren Fehlern. Die Teilnehmer beklagen sich dann über Störung von Verbindungen und Trennung von Gesprächen.

Für einen guten Betrieb ist aber die Trennung selbst bei ordentlicher Benachrichtigung auch unbefriedigend und ergibt Schwierigkeiten. Bei einfachen Teilnehmeranschlüssen ist die Trennung noch ohne weitere Nachteile möglich, wohl aber entstehen Betriebsschwierigkeiten, wenn Leitungen zu Nebenstellenanlagen, die gewissermaßen Verbindungsleitungen zweier Zentralen sind, getrennt werden, wodurch der größte und wichtigste Teil des Verkehrs beeinflußt wird. In diesem Falle ist ja gewöhnlich in der Nebenstellenzentrale nicht der verlangte Teilnehmer mit der Leitung verbunden, sondern ein ganz anderer, und es muß nach der Trennung erst eine nicht immer einfache, aber zeitraubende Umlegung in der Nebenstellenzentrale erfolgen, entweder durch den Teilnehmer selbst oder durch die Beamtin der Nebenstellenzentrale, die erst benachrichtigt und zum Eintreten in die Verbindung aufgefordert werden muß. Besteht eine Durchwahlmöglichkeit durch die Nebenstellenzentrale bis unmittelbar zur Nebenstelle, so kann die Durchwahl nur erfolgen, wenn der mit der Leitung verbundene Nebenstellenteilnehmer eingehängt hat und die Wähler in die Ruhelage zurückgekehrt sind. Die gleichen Schwierigkeiten entstehen, wenn künftig Gemeinschaftsumschalter und Wählsternschalter eingeführt werden. Auch dann nutzt eine Trennung nichts, weil gewissermaßen Verbindungsleitungen getrennt werden, sondern der Teilnehmer muß eingehängt haben und die Wähler müssen in die Ruhelage zurückgekehrt sein, bevor eine neue Einstellung derselben erfolgen kann. Die Trennung macht daher bei dem größten und wichtigsten Teil des Verkehrs, das ist der Verkehr zu den Nebenstellenanlagen, auch bei richtiger Ausführung Betriebsschwierigkeiten.

Nach diesen Erfahrungen sollten daher grundsätzlich bestehende Ortsgespräche nicht getrennt werden, sondern die Teilnehmer sind durch Aufschalten auf die bestehende Verbindung von dem Vorliegen eines Ferngespräches nur zu benachrichtigen und aufzufordern, das Ortsgespräch so rasch wie möglich zugunsten des Ferngespräches zu beenden. Es hat sich gezeigt, daß die Teilnehmer einer derartigen Aufforderung sofort willig Folge leisten und das Ortsgespräch mit wenigen Schlußworten sofort beenden, weil das Ferngespräch in den meisten Fällen wichtiger sein wird als das Ortsgespräch. Die weitere Einstellung der Wähler bei Durchwahl zu Nebenstellenanlagen, zu Wählsternschaltern und Gemeinschaftsumschaltern kann dann ohne weiteres erfolgen, weil auch inzwischen die Wähler der Zentralen in die Ruhelage zurückgekehrt sind.

Bei einer Trennung von Ortsgesprächen tritt die Forderung nach Unterdrückung der Gesprächszählung auf, was in vielen Fällen schwierig zu erfüllen ist. Beendet der Teilnehmer durch Auflegen seines Sprechhörers selber das Gespräch, wird die Forderung nicht erhoben.

Eine Trennung von Ortsgesprächen mit ihren unerfreulichen Begleiterscheinungen zur Ausnutzungssteigerung der Fernleitungen ist daher nicht nur vollkommen überflüssig, sondern sogar unmittelbar schädlich sowohl für die Teilnehmer als auch für die Verwaltungen. Aufschalten auf bestehende Ortsverbindungen und Benachrichtigen der Teilnehmer reicht in allen Fällen aus und ergibt die einfachste Lösung und den besten Betrieb.

Bei vollkommen im Orts- und Fernverkehr durchgeführten Wählerbetrieb mit Fernwahl könnte sogar in Betracht gezogen werden, für gewöhnliche Fernverbindungen auch auf die Aufschaltung auf bestehende Ortsverbindungen zu verzichten und dem Fernverkehr keinen Vorrang vor dem Ortsverkehr einzuräumen, weil der Aufbau einer Fernverbindung ebenso rasch wie der einer Ortsverbindung erfolgt. Irgend welche Betriebsschwierigkeiten können dann überhaupt nicht mehr auftreten. Nur für besonders dringende und wichtige Ferngespräche würde man eine Aufschaltemöglichkeit beibehalten. Dadurch werden Betrieb und Technik einfach und wird die Zufriedenheit der Teilnehmer und auch der Verwaltung gesteigert, während Fehlermöglichkeiten beseitigt werden; der Betrieb wird unabhängiger von der Höflichkeit des Personals.

Weiter fragt es sich, soll ein besonderes Fernbesetztzeichen vorgesehen und die Aufschaltung auf Fernverbindungen verhindert werden, oder genügt das gewöhnliche Besetztzeichen in allen Fällen und kann die Aufschaltung auch auf bestehende Fernverbindungen erfolgen, um dann dem Teilnehmer zu überlassen, welche Fernverbindung er bevorzugt.

Heute ist man im allgemeinen geneigt, dem Teilnehmer die Entscheidung zu überlassen, weil nur er die Wichtigkeit der Verbindungen beurteilen kann und die Verbindungen nur in seinem Interesse hergestellt werden, denn die Begriffe „Dienst am Kunden" oder „Dienst am Volke" sollten auch hier kein leerer Wahn sein.

Da künftig mehr als 80% des Fernverkehrs als Selbstwählfernverkehr hergestellt wird und dieser Verkehr von vornherein wie Ortsverkehr, also in allen Fällen ohne Aufschaltung behandelt wird, so können auch die restlichen weniger als 20% ohne Aufschaltung gehandhabt werden. Es ist in allen Fällen sehr zweckmäßig, wenn der Teilnehmer erfährt, daß ein weiteres Ferngespräch vorliegt, so kann er das alte rasch beenden, um das neue entgegennehmen zu können.

Ist Aufschaltung und Benachrichtigung der Teilnehmer in allen Fällen vorgesehen, oder wird der gesamte Fernverkehr ohne Vorzug vor dem Ortsverkehr und damit ohne Aufschaltung behandelt, dann ist auch ein besonderes Fernbesetztzeichen überflüssig, wodurch die Einrichtungen viel einfacher werden.

Aufschalten auf bestehende Verbindungen und Benachrichtigung des Teilnehmers unter Umständen nur bei wichtigen Verbindungen, ohne besonderes Fernbesetztzeichen, ist die günstigste Lösung in der Zukunft. Auch das CCIF empfiehlt nur ein einheitliches Besetztzeichen.

Ein Wählersystem für den Weitfernverkehr für große Fernnetze umfaßt viele aber ganz einheitliche Durchgangsämter mit nur einer einzigen Wählerstufe mit einheitlichen GW mit durchweg vieradriger Durchschaltung der Fernleitungen, ohne jede Teilnehmeranschlüsse, die nur in den Ortsämtern vorhanden sind und wenige handbediente Fernämter, die aus einem Wählerteil und einem Handamtsteil bestehen, die getrennt angeordnet werden können, weil die Bedienung der Fernleitungen vom Handamtsteil zum Wählerteil durch Fernsteuerung erfolgen kann. Für diese Fernnetzteile sollen die Bedingungen getrennt aufgestellt werden.

c) Fernverkehr bei halbselbsttätiger Wahl durch Beamtinnen, bezogen auf den Durchgangsverkehr im großen Fernnetz.

11. Größte Ausnutzung der Fernleitungen in großen vollkommenen Bündeln bei Vermeidung jeder Verzögerung und jeder vermeidbaren Leerlaufzeit.

12. Einheitliche GW mit allgemeiner vieradriger Durchschaltung der Fernleitungen, deren Durchgangsdämpfung 0 Neper betragen soll und denen nur in den EF Gabeln zugeordnet werden.

13. Je Durchgangsamt wie EF, VF, DF und WF nur eine Wählerstufe und nur eine Ziffer in der Kennzahl.

14. Verwendung der Tonfrequenzfernwahl entsprechend den Empfehlungen des CCIF auf den Fernleitungen und der Gleichstromwahl innerhalb der Durchgangsämter sowie von Weichen, zur Einsparung von Ziffern in der Kennzahl.

15. Einfacher Umwegverkehr mit verschiedener Kennzahlwahl und gegebenenfalls vollkommen selbsttätiger Umwegverkehr über andere Fernämter ohne jede Verzögerung, wenn die unmittelbaren Fernleitungen nicht zur Verfügung stehen.

d) Fernverkehr handbedienter Fernämter, bezogen auf den Wählerteil.

16. Selbsttätige Verteilung der Anmeldungen über Verteilerwähler mit Wartefeld auf freie Verbindungsglieder freier Beamtinnenplätze.

17. Die Zahl der wartenden Anmeldungen ist in Stufen zum Handamtsteil zu übertragen.

18. Vorwärts- und Rückwärtsaufbau der Verbindungen muß möglich sein.

19. Wenn noch ankommende Verbindungen von den Beamtinnen vollendet werden müssen, dann müssen in einer besonderen Gruppe ebenfalls freie Verbindungsglieder freier Beamtinnen ausgesucht und ein Wartefeld vorgesehen werden, dessen wartende Anrufe in Stufen ebenfalls zum Handamtsteil zu übertragen sind.

20. Anordnung des Wählerteiles im EF, VF oder DF.

21. Die verschiedenen Zeichen der Fernverbindungen müssen je Verbindungsglied zum Handamtsteil übertragen werden.

**e) Fernverkehr handbedienter Fernämter,
bezogen auf den Handamtsteil.**

22. Beamtinnenplätze dürfen nur belegungsfähig sein, wenn sie mit Beamtinnen besetzt sind.

23. Möglichst nur eine Gruppe von Meldefernplätzen für den abgehenden Verkehr.

24. Anordnung von Hilfsplätzen, die selber keine Fernverbindungen herstellen, sondern nur Schwierigkeiten beheben und Hemmungen beseitigen, besonders für V- und XP-Gespräche.

25. Fernsteuerung der Verbindungsglieder durch Tasten oder Schalter für alle erforderlichen Schaltmaßnahmen.

26. Gegebenenfalls Gebührenanzeige durch Zeitzonenzähler.

Mit einem derartigen einheitlichen Wählersystem für Orts- und Fernverkehr für die kleinsten und größten Anlagen auf Grund dieser Bedingungen ohne jede Verzögerung beim Auf- und Abbau der Verbindungen, wird die größtmögliche Leistung aller Verbindungsglieder bei geringstem Aufwand mit der besten Einheitlichkeit erreicht. Ein einheitliches System ermöglicht die geringsten Gesamtanlagekosten für Netz und Vermittlungsstellen, weil alle Verbindungsglieder von vornherein einheitlich einander angepaßt sind und nicht besondere Anpassungsübertragungen erforderlich werden und ergibt weiter auch die geringsten Betriebskosten, weil eine einfache überall einheitliche Pflege bei weitgehender Zeichengabe ermöglicht wird. Ein einheitliches, anpassungsfähiges System erleichtert die Planung auf wirtschaftlicher Grundlage und ermöglicht jede Anpassung an alle vorkommenden und sich auch später unter Umständen ändernden Betriebsfälle.

12. Die grundsätzlichen Wählerschaltungen.

Die grundsätzlichen Wählerschaltungen eines Motorwählersystems sind von denen gewöhnlicher Schrittwählersysteme auch bei denselben Systembedingungen verschieden, nicht nur, weil der Motorwähler anders gesteuert wird, sondern auch weil am Wähler keine Wellen- und Durchdrehkontakte für die Steuerung vorhanden sind. An Stelle der verschiedenen Arten von Wählerkontakten wird hier z. T. das Steuersegment verwendet, das wohl viele Arten von Schaltungen ermöglicht, aber nur einen Kontakt für jede Wählerstellung und nur unter ganz bestimmten Bedingungen zuläßt. Für die Steuerung der Motorwähler ist ein etwas größerer Aufwand an

Schalt- und Steuermitteln erforderlich und man wird daher, um wirtschaftlich zu sein, die Schalt- und Steuermittel nach Möglichkeit mehrfach ausnutzen.

Für den einfachen Auf- und Abbau der Verbindungen, ohne Erfüllung besonderer Betriebsbedingungen, sind für alle Arten von Wählern - als Nummernempfänger je Wähler zunächst folgende allgemeine Relais als Schaltmittel erforderlich:

Belegungsrelais, Auslöserelais, Stromstoßrelais, Steuerrelais, Umschalterelais, Prüfrelais.

Hierzu kommen für die verschiedenen Wählerarten noch folgende, besondere Relais hinzu:

I. GW	II. GW	LW
Schnelles Prüfrelais,	Schnelles Prüfrelais,	Taktrelais,
Durchdrehrelais,	Durchdrehrelais.	Einerrelais,
Zählrelais.		Mehrfachrelais,
		Rufrelais,
		Rufabschalterelais,
		Durchschalterelais,
		Speiserelais,
		Brückenrelais,
		Fernrelais.

Verschiedene dieser Relais lassen sich nun mit anderen in wirtschaftlicher Weise vereinigen, so daß einzelne Relais mehrfache Aufgaben zufallen. Vereinigen lassen sich teilweise z. B.: Belegungs- und Auslöserelais, Steuer- und Umschalterelais, Prüf- mit schnellem Prüfrelais, Takt- mit Rufrelais, Rufabschalte- mit Durchschalterelais, Einer- mit Brückenrelais usw., wodurch sich die Wirtschaftlichkeit beachtlich steigern läßt. Unter Ausnutzung dieser Möglichkeiten erhalten die verschiedenen Nummernempfänger folgende Relais, wobei die Bezeichnungen der Relais und die vereinigten Relais mit ihren Aufgaben besonders angegeben sind.

I. GW	II. GW	LW
Z Belegungs- u. Zählrelais,	C Belegungs- u. Auslöserelais,	C Belegungs- u. Auslöserelais,
V_1 Auslöserelais,	A Stromstoßrelais,	A Stromstoß- u. Speiserelais,
A Stromstoßrelais,	V Steuer- u. Umschalterelais,	V Steuerrelais,
V_2 Steuer- u. Umschalterelais,	P Prüf- u. schnelles Prüfrelais,	U Umschalterel.,
P Prüf- u. schnelles Prüfrelais,	D Durchdrehrelais.	P Prüfrelais,
D Durchdrehrelais.		H+K Takt- u. Rufrel.,
		B Einer- u. Brückenrelais,
		Y Rufabschalte- u. Durchschalterelais,
		M Mehrfachrelais,
		F Fernrelais.

Die Vereinigung der Aufgaben mehrerer Relais in einem Relais ist nicht immer ohne weiteres möglich, sondern es müssen dann besondere Maßnahmen vorgesehen werden, die aber sehr einfach sein müssen. Die Vereinigung des gewöhnlichen Prüf- mit dem schnellen Prüfrelais bei den GW erfordert, daß das vereinigte Relais zuerst sehr schnell den Kontakt des schnellen Prüfrelais schließt und dann später die Kontakte des gewöhnlichen Prüfrelais betätigt. Es muß dafür mit einem besonderen Aufbau der Federsätze versehen sein, der aber sehr einfach sein kann. Derselbe Aufbau ist erforderlich bei der Vereinigung des Steuer- und Umschalterelais bei den GW. Als Steuerrelais werden alle Kontakte des Relais betätigt, als Umsteuerrelais nur ein Kontakt. Der dafür erforderliche Aufbau der Federsätze kann ebenfalls sehr einfach sein, die Steuerung des Relais selbst ist zwangläufig. Demgegenüber ist die Vereinigung des Belegungs- mit dem Auslöserelais, des Stromstoß- mit dem Speiserelais, des Takt- mit dem Prüfrelais, des Rufabschalte- mit dem Durchschalterelais, des Einer- mit dem Brückenrelais, ohne besondere Maßnahmen in einfacher Weise möglich.

Die Wählerschaltungen für ein Motorwählersystem mit einfachen Bedingungen setzen sich mit diesen Relais so zusammen, wie es aus der nachfolgenden Beschreibung der Stromläufe Abb. 25 und Abb. 26 hervorgeht.

AS. Nimmt ein Teilnehmer nach Abb. 25 seinen Sprechhörer ab, so spricht sein R-Relais an und schaltet über eine Relaiskette mit s-Kontakten einen AS ein. Das R-Relais des AS spricht an und schaltet den Motorwähler ein. Der Wähler läuft, bis sein Prüfrelais P auf der rufenden Leitung anspricht und die Leitung zum I. GW durchschaltet.

I. GW. Wird ein I. GW belegt, so spricht zuerst das Belegungsrelais Z und dann das Stromstoß- und Speiserelais A an, das das Auslöserelais V_1 einschaltet. Der Teilnehmer erhält das Wählzeichen. Bei der Stromstoßgabe spricht das Steuer- und Umschalterelais V_2 an und schaltet den Motor ein, dessen Steuerung früher schon beschrieben ist, so daß sie nur kurz behandelt zu werden braucht. Der Motor wird zunächst in der Nullstellung durch Überbrücken des Unterbrechers festgehalten, solange das Stromstoßrelais A beim ersten Stromstoß abgefallen ist. Spricht das Relais weiter an, dann läuft der Wähler bis zum nächsten Kontakt 11 und wird dort wieder stillgesetzt. Beim zweiten Stromstoß wird der Motor zum Lauf freigegeben. Der Wähler läuft bis zur Zwischenrast 16, wird dort durch Überbrücken des Unterbrechers festgehalten, wenn das Stromstoßrelais noch abgefallen sein sollte. Spricht es wieder an, so wird der Unterbrecher freigegeben und der Wähler läuft bis zum Kontakt 21, wo es wieder durch Über-

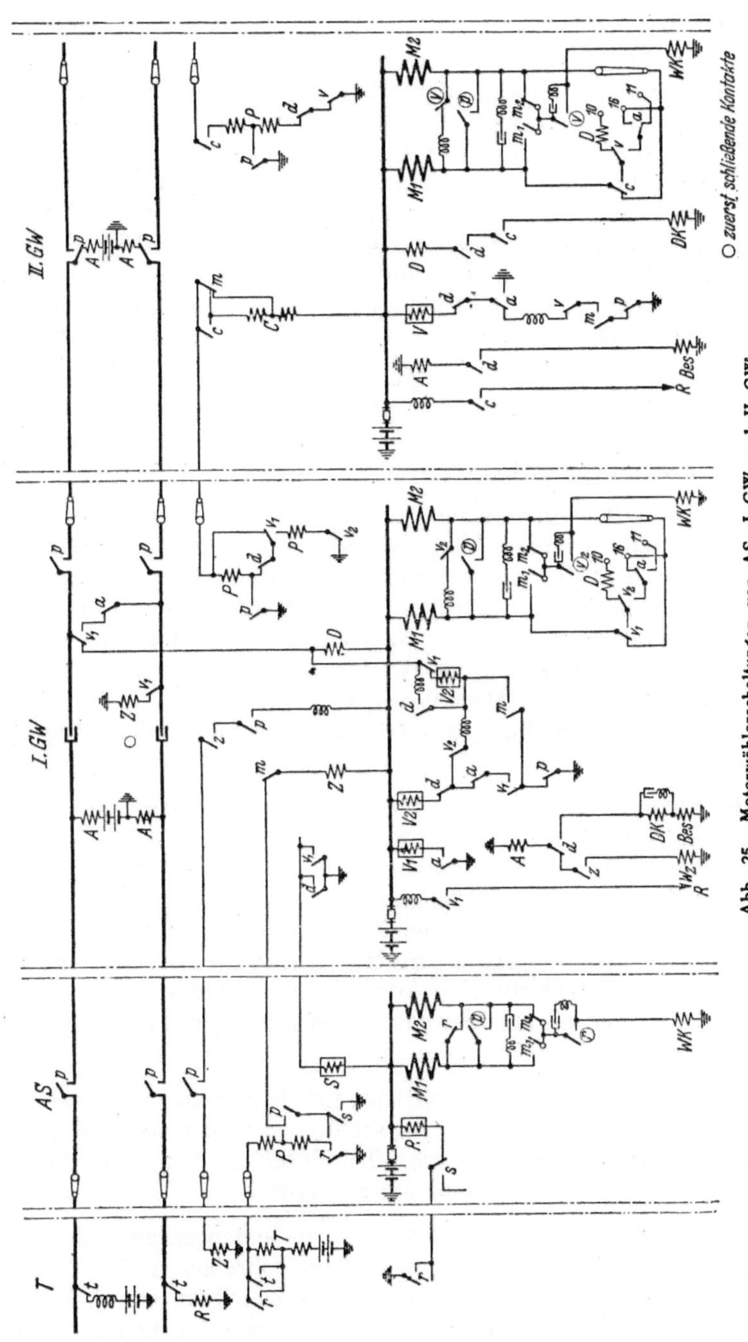

Abb. 25. Motorwählerschaltungen von AS, I. GW und II. GW.

brücken des Unterbrechers festgehalten wird. Dieser Vorgang wiederholt sich für jede Dekade.

Ist die Stromstoßreihe abgelaufen, so fällt das Steuerrelais V_2 ab. Es wird aber in zwangläufiger Schaltung durch einen kleinen Haltestrom so gesteuert, daß als Umschalterelais nur ein Kontakt geschlossen bleibt, der den Motorstromkreis aufrecht erhält. Der Wähler dreht jetzt mit verminderter Geschwindigkeit durch Einschaltung eines Dämpfungswiderstandes, wobei das Prüfrelais P freigegeben ist. P spricht auf einer freien Leitung zum II. GW an, setzt zunächst den Motor durch Kurzschluß des Unterbrechers und damit Unterstromsetzung beider Motormagnete still, dann sperrt es die Leitung, schaltet diese durch und das Steuerrelais V_2 vollkommen aus.

War keine Leitung frei, dann spricht auf den letzten Kontakt der Dekade das Durchdrehrelais D an, schaltet sich in einen Haltekreis ein und gibt das Besetztzeichen. Der Motor wird stillgesetzt und nach kurzer Zeit ausgeschaltet.

II. GW. Das Belegungsrelais C spricht an. Bei der Stromstoßgabe arbeitet das Stromstoßrelais A und schaltet das Steuerrelais V ein. V setzt den Motor unter Strom, der Wähler wird aber in der Nullstellung während der Erregung von A festgehalten. Ist der Stromstoß beendet, so läuft der Wähler nach Stellung 11, wo er wieder festgehalten wird. Beim zweiten Stromstoß kann er bis 16 laufen, wird dort bis zur Beendigung des Stromstoßes festgehalten und läuft dann nach Stellung 21. Für jede Dekade ist·der Vorgang derselbe.

Ist die Stromstoßreihe abgelaufen, so fällt das Steuerrelais V ab, bis auf den Kontakt in dem Motorstromkreis. Die schwache Erregung für nur den einen Kontakt wird über einen hochohmigen Widerstand in zwangläufiger Schaltung aufrechterhalten. Der Wähler dreht mit verminderter Geschwindigkeit durch Einschaltung eines Dämpfungswiderstandes. Das Prüfrelais spricht auf freier Leitung an, schließt zuerst den Unterbrecher kurz und setzt dadurch den Motor still; dann schaltet es das Stromstoßrelais ab, die Leitung durch und das Steuerrelais vollkommen aus.

War keine Leitung frei, so spricht auf dem letzten Kontakt der Dekade das Durchdrehrelais D an, schaltet sich in einen Haltekreis ein, das Steuerrelais aus und gibt das Besetztzeichen. Der Motor wird stillgesetzt und kurz darauf ausgeschaltet.

LW. Das Belegungsrelais C spricht an, entsprechend Abb. 26. Bei der Stromstoßgabe schaltet das Stromstoßrelais A das Steuerrelais V ein, das den Motor unter Strom setzt. Beim ersten Stromstoß wird der Wähler wieder in der Nullstellung festgehalten, bei

Beendigung desselben schaltet der Wähler nach Kontakt 11. Beim zweiten Stromstoß läuft der Wähler bis Kontakt 16, bei Beendigung des Stromstoßes bis Kontakt 21 und so in allen Dekaden. Nach Beendigung der Stromstoßreihe fällt das Steuerrelais V ab und schaltet das Umsteuerrelais U ein und den Motor aus.

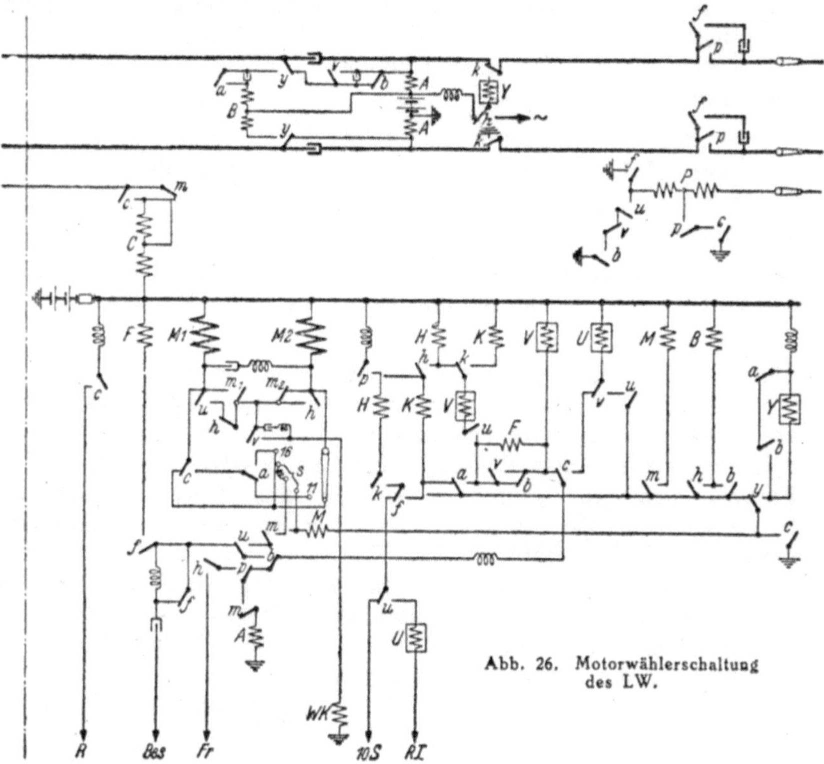

Abb. 26. Motorwählerschaltung des LW.

Die Dekadeneinstellung aller Arten von Wählern ist dieselbe. Sie erfolgt mit Hilfe des Steuersegmentes, ohne ein schnellarbeitendes Relais zu benötigen.

Bei der Einerwahl erfolgt die Steuerung des Motorwählers durch Taktrelais H und K. Beim ersten Stromstoß werden das Steuerrelais V und das Taktrelais H sowie das Brückenrelais B eingeschaltet. Bei Beendigung des ersten Stromstoßes spricht das Taktrelais K an. Die Stellung des Motorwählers ist durch den ersten Stromstoß nicht verändert worden. Beim Beginn des zweiten Stromstoßes fällt H ab, der Motorwähler dreht jetzt auf den zweiten Kontakt dieser Dekade. Bei Beendigung des zweiten Stromstoßes fällt K ab. Diese Schaltvorgänge mit dem Taktrelais H und K wiederholen sich bei allen weiteren Stromstößen, so daß der

Wähler je Stromstoß durch das Taktrelais H einen Schritt weiter dreht. Nach Beendigung der Stromstoßreihe fällt das Steuerrelais V ab und schaltet das Prüfrelais ein. Das Prüfrelais spricht bei freier Leitung an, schaltet die Leitung durch und den Rufstrom mit H, K und U ein, wobei mit U erster Ruf, dann ohne U periodischer Ruf erfolgt. Beim Melden spricht das Rufabschalterelais Y an, bindet sich, schaltet das Stromstoßrelais zum Gerufenen ein und das Brückenrelais B aus und zum Rufenden für die Zählung an die Sprechleitung.

Hängt der Gerufene ein, so bleibt die Verbindung bestehen. Hängt der Rufende ein, erfolgt Zählung über die b-Leitung und das B-Relais. Die C-Relais' fallen ab, die Wähler kehren in die Ruhelage zurück.

War der Teilnehmer besetzt, so sprach das Prüfrelais nicht an, das Umsteuerrelais U fiel ab und gab dem Rufenden das Besetztzeichen.

Besaß der Gerufene einen Mehrfachanschluß, so spricht beim Anruf der Sammelnummer das Mehrfachrelais M an und bindet sich. War die erste Leitung frei, so verläuft die weitere Verbindung wie schon beschrieben; war die erste Leitung besetzt, so spricht das Prüfrelais nicht an. Durch M spricht das A-Relais über die Motormagnete wieder an und schaltet V ein und die Taktrelais weiter, worauf der Wähler einen Schritt weiter schaltet. P wird wieder an die Leitung angelegt; spricht es an, dann verläuft die weitere Verbindung wie schon beschrieben; spricht es nicht an, so wiederholt sich der Vorgang mit A, V, H und K bis entweder P anspricht oder die letzte Leitung des Mehrfachanschlusses erreicht ist, wo der Vorgang beendet wird und der Rufende das Besetztzeichen erhält.

Beim Fernverkehr mit Beamtinnenwahl kann nach der Einstellung im Besetztfalle durch Erregen des F-Relais über die Sprechleitung mit Hilfe eines Stromstoßes eine Aufschaltung auf besetzte Teilnehmer oder nach dem Gespräch ein Nachrufen erfolgen. Das Überwachungszeichen im Fernamt wird über das Brückenrelais B durch das Speiserelais A gesteuert.

Für weitere zusätzliche Bedingungen müssen entweder die schon vorhandenen Relais mit zusätzlichen Kontakten versehen oder aber es müssen neue Relais hinzugenommen werden. Auf jeden Fall sollten die neu hinzukommenden Bedingungen auf ihre Bedeutung genau geprüft und der Aufwand dafür ermittelt werden, um die Wirtschaftlichkeit jeder Bedingung, Ersparnis und Aufwand beurteilen zu können. Die Erfüllung unwirtschaftlicher Bedingungen sollte nicht gefordert werden.

13. Die Anpassungsfähigkeit des Motorwählers an die verschiedenen Forderungen der Praxis.

Die verschiedenen Forderungen der Praxis verlangen zur Erfüllung der betreffenden Aufgaben einen verschiedenen Aufbau der dafür zur Verwendung kommenden Wähler. Die Wähler müssen daher an diese Aufgaben anpassungsfähig sein und eine bis zu einem gewissen Grade beliebige Änderung der Zahl der Kontakte und der Kontaktarme zulassen, was der Motorwähler in einfacher Weise ermöglicht.

Während der Orts- und Nachbarortsverkehr mit seinem Zweidrahtbetrieb einen Aufbau der Wähler mit 100 Kontaktgruppen, unterteilt in zehn Dekaden mit je zehn Kontaktgruppen mit drei Kontaktarmen des Einstellgliedes, erfordert, verlangt der Weitfernverkehr mit seinem Vierdrahtbetrieb bei vierdrähtiger Durchschaltung der Fernleitungen einen Aufbau der Wähler mit 100 Kontaktgruppen aber mit sechs bis sieben Kontaktarmen. Im Orts- und Nachbarortsverkehr besteht eine Kontaktgruppe aus drei Kontakten, zwei Sprechkontakten und einem Prüfkontakt, im Weitfernverkehr aus sechs bis sieben Kontakten, vier Sprechkontakten und zwei bis drei Prüf- und Zeichenkontakten. Diesen verschiedenen Aufbau läßt der Motorwähler ohne weiteres zu, der aber zu den erforderlichen Kontaktarmen noch einen Steuerarm benötigt. Der Schaltungsaufbau mit Motorwählern für den Zweidrahtbetrieb in den Ortsnetzen ist schon gezeigt worden; für den Vierdrahtbetrieb im Weitfernverkehr wird er später noch eingehend dargestellt werden.

Die Dekadeneinteilung der Motorwähler in zehn Dekaden zu je zehn Kontaktgruppen ist nicht mechanisch, sondern wird elektrisch durchgeführt, so daß die Zahl der Kontakte je Dekade beliebig geändert und dem jeweiligen Verkehr angepaßt werden kann. Von dieser Möglichkeit wird im gewöhnlichen Betriebe kein Gebrauch gemacht, weil eine Fernsprechanlage sich ständig weiterentwickelt, dauernd wächst und daher laufend angepaßt werden müßte, was in dieser Weise nicht empfehlenswert ist. Nur in besonderen Fällen, wo Änderungen und Entwicklungen nicht vorkommen, kann diese Möglichkeit verwendet werden.

Ein neuzeitlicher Zeitzonenzähler für die Gebührenberechnung und Verrechnung im Selbstwahlfernverkehr erfordert einen Zonenschalter mit 800 Kontakten oder Zonenpunkten zur Erfassung der Entfernung so vieler Ortsnetze in Fernzonen. Dafür lassen sich Motorwähler mit 100 Kontakten und acht Kontaktarmen mit einem weiteren Steuerarm gut anpassen und zweckmäßig verwenden, wie sie schon vielfach dafür Anwendung gefunden haben.

Die Einschaltung von selbsttätigen Verstärkern in große Bündel von Vierdrahtleitungen erfordert eintretendenfalls Wähler mit neun Kontaktarmen, wofür Motorwähler ohne weiteres verwendet und entsprechend aufgebaut werden können. Durch die Verwendung von Endverstärkern wird aber die Bedeutung der selbsttätigen Verstärker herabgesetzt.

Wie schon vorher gezeigt wurde, eignet sich der Motorwähler als großer Wähler für zwei Aufgaben, nämlich für Spitzen- oder Doppelbetrieb, oder auch für zwei Gruppen, wodurch erhebliche wirtschaftliche Vorteile erreicht werden können, wie nachgewiesen wurde. Durch seine große Geschwindigkeit werden AS in großen Gruppen, durch seine Anpassungsfähigkeit LW für zwei Gruppen möglich.

Eine einfache Isolationsmessung der Teilnehmerleitungen von einer zentralen Stelle aus erfolgt nicht mehr über den Hauptverteiler, weil dafür Personal erforderlich wird, was in Unterämtern z. B. nicht vorhanden ist, sondern die Messung wird über einen vorhandenen LW der betreffenden Gruppe ausgeführt, der in besonderer Weise ferngesteuert wird. Zu diesem Zweck sind Meß-GW mit 100 Kontaktgruppen und sechs Kontaktarmen vorgesehen, die auf den in Frage kommenden LW eingestellt werden. Zu diesem Zweck wird in jeder Gruppe ein schwach belasteter LW bestimmt, der mit dem Kontaktsatz des Meß-GW verbunden wird, so daß der Meß-GW alle diese LW eines 10 000er Amtes erreichen kann. Drei von den Kontaktarmen des Meß-GW führen zu den gewöhnlichen Zugängen der LW, die darüber eingestellt aber am Aufprüfen auf die Teilnehmer verhindert werden, und die anderen drei Kontaktarme sind unmittelbar mit den Kontaktarmen der LW verbunden, worüber die Messungen ausgeführt werden.

Wenn nun die Steuerung der Meß-GW und der LW selbsttätig durch eine zentrale Schalteinrichtung derart erfolgt, daß die Meß-GW und die LW stets von Kontakt zu Kontakt weitergeschaltet und dabei die Messungen ausgeführt und die Ergebnisse durch ein registrierendes Ohmmeter aufgeschrieben werden, so erhält man eine selbsttätige Meßeinrichtung für ein Amt mit 10 000 Teilnehmerleitungen, aus deren Diagramm der Zustand des Teilnehmerleitungsnetzes sofort übersehen werden kann.

Die Meß-GW mit ihren sechs Kontaktarmen lassen sich als Motorwähler einfach ausführen. Die Steuerung der Wähler von Kontakt zu Kontakt durch die Meß-

Abb. 27. Motorwähler mit 5 Schaltarmpaaren.

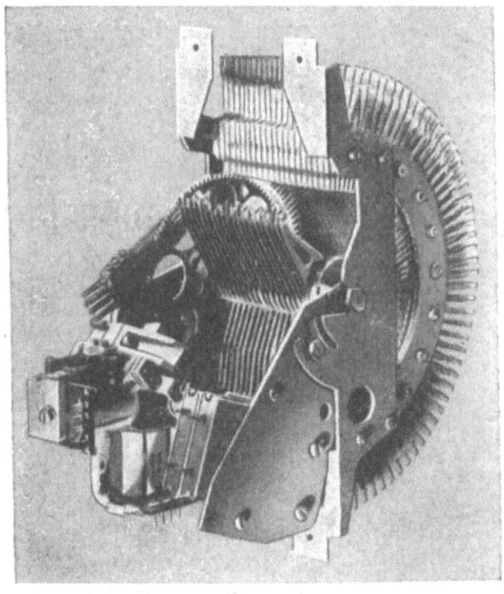

Abb. 28. Motorwähler mit 10 Schaltarmpaaren.

einrichtung ist bei Motorwählern besonders einfach, weil die Kontakte aller Dekaden hintereinander liegen und deshalb die Fortschaltung der Wähler in einfacher Weise gesteuert werden kann.

Abb. 27 zeigt einen Motorwähler mit fünf Schaltarmen für den Zweidrahtbetrieb des Orts- und Nachbarortsverkehrs; Abb. 3 zeigt einen solchen für den Vierdrahtbetrieb des Weitfernverkehrs und

Abb. 29. Einstellglied mit Antrieb
von der Kontaktbank getrennt.

Abb. 28 und 29 zeigen einen Zonenschalter für Zeitzonenzähler des Selbstwählfernverkehrs mit zehn Schaltarmen und mit herausgenommenem Einstellglied. Die einfache Anpassung des Wählers an die Erfordernisse durch Aufbau einer entsprechenden Zahl von Kontaktreihen und Kontaktarmen ist deutlich zu erkennen.

Der Motorwähler eignet sich daher sowohl für die gewöhnlichen Aufgaben des Zwei- und Vierdrahtbetriebes im Orts- und Fernverkehr, als auch für besondere Aufgaben durch seine leichte Anpassungsfähigkeit in hohem Maße, so daß ein einheitliches System für alle Zwecke und alle besonderen Aufgaben dadurch erreicht wird.

14. Zusammenfassung von Relais.

Wenn in den Wählerschaltungen für jede Aufgabe ein besonderes Relais verwendet wird, dann wird der Aufwand sehr groß. Aus wirtschaftlichen Gründen ist man daher bemüht, die Aufgaben mehrerer Relais in einem gemeinsamen Relais zusammenzufassen, was aber nicht immer ganz einfach ist. Mehrere Relais mit verschiedenen Aufgaben lassen sich nur dann zu einem Relais mit mehreren Aufgaben zusammenfassen, wenn dabei gewisse Bedingungen erfüllt werden. Diese Bedingungen sind:

Die Aufgaben der zusammenzufassenden Relais dürfen sich nicht gegenseitig stören, die einzelnen Kontakte dürfen nur bei ihren eigenen Aufgaben zur Wirkung kommen, während ihre Wirkung bei den anderen Aufgaben unterbunden werden muß, die Schaltzeiten der einzelnen Relais müssen gegebenenfalls übereinstimmen oder beim zusammengefaßten Relais den verschiedenen Aufgaben durch besondere Steuerung angepaßt werden, wenn dies von Bedeutung sein sollte, die Belastung des zusammengefaßten Relais muß zulässig sein und endlich muß, wenn die Zusammenfassung einen Zweck haben soll, ein technischer oder wirtschaftlicher Vorteil dadurch erzielt werden, denn der Nutzen soll stets größer als der Aufwand sein. Dazu ist zu sagen:

Die Zusammenfassung von Relais ist nur in einem gewissen Umfange möglich, denn man kann nicht beliebige Relais, wie z. B. ein Stromstoßrelais mit einem Steuerrelais zusammenfassen, weil sich die Aufgaben gegenseitig stören und auch die Schaltzeiten nicht übereinstimmen. Wohl aber kann man ein Stromstoßrelais mit einem Speiserelais und ein Steuerrelais mit einem Umschalterelais, wenn es die Belastung zuläßt, vereinigen, weil gegenseitige Störungen der Aufgaben und Einflüsse verschiedener Schaltzeiten nicht vorhanden sind. Nur die Einflüsse der Kontakte sind bei den verschiedenen Aufgaben zu regeln.

Während beim Zusammenfassen von Relais sich die gegenseitigen Störungen der Aufgaben grundsätzlich nicht beseitigen lassen, lassen sich aber nicht übereinstimmende Schaltzeiten, wenn erforderlich, in einem gewissen Umfange durch gesteuerte Dämpfungswicklungen anpassen. Ob nun die Zusammenfassung von Relais einen Zweck hat, muß von Fall zu Fall, durch Vergleich des Aufwandes mit dem Nutzen besonders geprüft werden, denn die Zusammenfassung von Relais bringt nicht nur Nutzen, sondern auch Aufwand, weil die Wirkung der Kontakte für die anderen Aufgaben durch Aufwendung von Kontakten anderer Schaltmittel, also durch einen Aufwand, unterbunden werden muß.

Die Zusammenfassung mehrerer Relais mit einfachen Aufgaben ist noch verhältnismäßig einfach, von Relais mit schwierigen Aufgaben naturgemäß erheblich schwieriger. Die Zusammenfassung von Stromstoß- und Speiserelais ist, wenn es die Belastung zuläßt, einfach, denn Schaltzeiten und Ströme sind bei der Vereinigung ohne Einfluß. Es sind nur die Wirkungen der Kontakte bei den verschiedenen Aufgaben zu regeln. Die Zusammenfassung von Steuer- und Umschalterelais ist erheblich schwieriger, nicht wegen der Schaltzeiten, sondern weil sich die Wirkung der Kontakte für die verschiedenen Aufgaben nicht in einfacher Weise regeln läßt.

Die Zusammenfassung von Relais mit schwierigen Bedingungen, bei denen die Relais für verschiedene Zwecke mitunter ganz verschieden arbeiten müssen, z. B. mit verschiedenen Zeiten oder verschiedenen Strömen, ist recht schwierig und erfordert besondere Mittel, die aber einfach sein müssen, weil sonst der durch die Zusammenlegung verschiedener Relais erlangte wirtschaftliche Nutzen wieder aufgehoben wird. Man kann aber derartige, anscheinend recht schwierige Relais auch für ganz verschiedene Aufgaben einheitlich und überraschend einfach ausführen, wenn dabei gewisse Grundsätze beachtet werden.

Der Kontaktaufbau derartiger Relais besteht hierbei gewissermaßen aus zwei Kontaktgruppen, die nacheinander betätigt werden. Die erste Kontaktgruppe, die zuerst betätigt wird, besteht zweckmäßig nur aus einem einzigen Kontakt, die zweite Kontaktgruppe, die später betätigt wird, kann aus beliebig vielen anderen Kontakten bestehen, soweit die Belastung des Relais es zuläßt. Entweder wird nun die erste Kontaktgruppe in sehr kurzer Zeit betätigt und die andere Gruppe später, oder die erste Gruppe wird bei kleiner Erregung des Relais geschlossen oder geöffnet, während die andere Gruppe erst bei starker Erregung beeinflußt wird. Zur Erzielung der besten Wirkung ist es zweckmäßig, die erste Kontaktgruppe, wie bereits erwähnt, nur mit einem einzigen Kontakt auszurüsten. Der mechanische Aufbau derartiger nacheinander betätigter Kontaktgruppen kann ebenso einfach, wie der Aufbau gewöhnlicher gleichzeitig betätigter Kontakte sein, so daß besondere Aufwendungen dafür nicht erforderlich werden.

Zusammengefaßte Relais mit schwierigen Aufgaben auf dieser Grundlage sind folgende:

Schnellarbeitende Motorwähler erfordern ein schnelles, wenig belastetes Prüfrelais zur Stillsetzung des Wählers und ein weiteres Relais mit beliebiger Belastung, das nach der Prüfung die verschiedenen anderen Stromkreise dieses Schaltvorganges betätigt. Wollte man diese beiden Relais in gewöhnlicher Anordnung zusammenlegen, so würde das Relais zu langsam ansprechen und den Wähler nicht rechtzeitig stillsetzen. Bei der beschriebenen Anordnung dagegen mit zwei Kontaktgruppen wird der zuerst schließende Kontakt schon bei schwach angestiegenem Felde betätigt, während die anderen Kontakte erst später bei kräftig angestiegenem Felde geschlossen oder geöffnet werden. Der erste Kontakt wird schon nach etwa 5 ms, die anderen Kontakte werden nach etwa 10—15 ms betätigt. Der erste Kontakt setzt den Wähler still, die anderen Kontakte schalten die Sprechleitungen durch, sperren die Leitung und betätigen noch weitere erforderliche Stromkreise.

Motorwähler als GW erfordern unter anderem ein Steuerrelais für die Dekadenwahl und ein Umschalterelais für die Umschaltung von Dekadenwahl auf freie Wahl. Eine Zusammenlegung dieser beiden Relais in gewöhnlicher Art stößt auf Schwierigkeiten, ist aber in der beschriebenen Weise ohne weiteres möglich. Das zusammengefaßte Relais arbeitet als Steuerrelais mit voller Erregung und Betätigung aller Kontakte und als Umschalterelais mit schwacher Erregung bei Betätigung nur des einen Kontaktes, der den Wählermotor einschaltet. Durch die verschiedene Arbeitsweise des Relais wird die Wirkung der Kontakte für andere Aufgaben wirkungsvoll unterbunden. Die Differenz zwischen schwacher und starker Erregung ist in allen Betriebsfällen einwandfrei gegeben, weil in den betreffenden Stromkreisen keine veränderlichen Werte, wie Schwankungen von Leitungswiderständen vorhanden sind. Schwankungen der Batteriespannung haben einen unbedeutenden Einfluß. Trotzdem kann zur Sicherheit in den Stromkreis der schwachen Erregung ein Ruhekontakt des eigenen Relais eingeschaltet werden, durch den ein Durchschlagen des Ankers und Halten desselben im durchgezogenen Zustande vollkommen verhindert wird. Das Relais hat dann eine zwangläufige Schaltung und wird außerdem auch noch für eine weitere Aufgabe, für die Rückführung des Wählers in die Ruhelage benutzt.

In dieser verhältnismäßig einfachen und wirtschaftlichen Weise kann daher auch eine Zusammenlegung verschiedener Relais mit schwierigen Bedingungen in zwangläufiger Schaltung erfolgen. Die beschriebene Zusammenfassung von Relais mit schwierigen Bedingungen findet zweckmäßig in allen GW-Schaltungen des Motorwählersystems Anwendung. Welchen wirtschaftlichen Einfluß die Zusammenlegung nur dieser Relais bei den GW hat, geht aus der dadurch erzielten Ersparnis an Einrichtungskosten hervor, die bei einem 10 000er Amt etwa 5% beträgt. Die weiteren zahlreichen Zusammenfassungen von Relais in diesem System sind einfach und ohne weiteres durchzuführen.

15. Verwendung von Steuerschaltern.

In der ersten Zeit der Wählertechnik wurden Steuerschalter viel verwendet, doch wurden sie mit der Vervollkommnung der Schaltungstechnik immer mehr durch Relais ersetzt, die in zunehmendem Maße mit mehreren Aufgaben belastet wurden, wodurch die Steuerschalter so an Bedeutung verloren, daß sie heute fast verschwunden sind.

Steuerschalter dienen dazu, die Lösung von verwickelten Schaltungsaufgaben, die einen großen Aufwand an Schaltmitteln, das sind gewöhnlich Relais und Relaiskontakte, erfordern, zu erleichtern und derartige Schaltmittel zu ersparen. Gewiß lassen sich durch Steuerschalter gewisse Schaltmittel ersparen, doch ist der Steuerschalter selber ein neues Schaltmittel mit bewegten Teilen und vielen Kontakten, zu dessen Steuerung Schaltmittel benötigt werden. Neben der Ersparnis entsteht daher auch ein Aufwand. Nur wenn die Ersparnis größer als der Aufwand ist, ist die Anwendung eines Steuerschalters berechtigt. Bei der Beurteilung des Aufwandes und der Ersparnisse ist aber zu beachten, daß der Steuerschalter aus einem mechanischen Gerät mit bewegten Teilen besteht, das gepflegt werden muß, was bei Relais und Relaiskontakten nicht im gleichen Umfang der Fall ist. Die richtige Beurteilung der Wirtschaftlichkeit eines Steuerschalters kann daher nur durch Vergleich der jährlichen Betriebskosten erfolgen, die allein maßgebend, aber nicht einfach zu ermitteln sind.

Als allgemeine Richtlinie für die Wirtschaftlichkeit eines Steuerschalters kann angenommen werden, daß seine Anwendung vertretbar ist, wenn in den Wählerschaltungen mehr als vier bis fünf Relais dadurch erspart werden. Diese Richtlinie gilt für alle Arten von Steuerschaltern in Walzenform oder als Drehwähler oder auch als Drehschalter mit und ohne besonderen Auslösemagneten. Die Ersparnis von vier bis fünf Relais ist wohl mitunter bei der Verwendung von nur einfachen Relais in den Wählerschaltungen zu erzielen, aber wohl kaum, wenn zusammengefaßte Relais für mehrere Aufgaben, wie im vorhergehenden Abschnitt beschrieben wurde, verwendet werden. Durch zusammengefaßte Relais wird die Zahl der Relais von vornherein schon so verkleinert, daß eine Ersparnis durch Steuerschalter in der angegebenen Größe wohl kaum erreicht wird. Demzufolge sind die Steuerschalter aus den GW-Schaltungen schon seit langer Zeit verschwunden, nur in den LW-Schaltungen sind sie mitunter noch zu finden. Aber auch hier hängt ihre Anwendung von den zu erfüllenden Forderungen ab, die immer besser angepaßt werden.

Die neuzeitliche Schaltungstechnik ist bestrebt, durch Aufstellung nur zweckmäßiger Forderungen und durch geschickten Schaltungsaufbau mit Hilfe zusammengefaßter Relais für mehrere Aufgaben, die Zahl der Relais zu verkleinern und damit die Verwendung von Steuerschaltern zu vermeiden, zumal auch die Übersichtlichkeit der Schaltungen durch Steuerschalter nicht gefördert wird.

Der Steuerschalter läßt aber an seiner Stellung gut den Zustand des Verbindungsaufbaues erkennen. Diese Kennzeichnung hat aber für GW keine Bedeutung, weil es nur zwei Stellungen gibt, die Ruhestellung und die Betriebsstellung, die beide an der Stellung des Wählers leicht zu erkennen sind. Ein durch eine Dekade durchgedrehter Wähler wird so wie so besonders optisch angezeigt. Anders bei LW, die mehrere Stellungen haben wie die Ruhestellung, die Dekadenstellung, die Betriebsstellung, die Rufstellung, die Sprechstellung und die Besetztstellung. Die drei ersten Stellungen sind an den Wählerstellungen ohne weiteres zu erkennen, während sich die anderen Stellungen optisch durch Lampen oder durch die entsprechenden Relais kennzeichnen lassen. Die Kennzeichnung des Verbindungsaufbaues ist daher kein rechter Grund, die Einführung von Steuerschaltern damit begründen zu wollen.

Das Motorwählersystem ist auf dieser Grundlage aufgebaut. Es benötigt etwa fünf bis sechs Relais in den GW- und etwa zehn bis zwölf Relais in den LW-Schaltungen, je nach den Bedingungen. Es wird weder in den GW- noch in den LW-Schaltungen möglich sein, davon vier bis fünf Relais durch Steuerschalter zu ersparen, so daß auch im Motorwählersystem Steuerschalter sowohl in den GW- als auch in den LW-Schaltungen nicht wirtschaftlich und deshalb nicht empfehlenswert sind.

16. Zweiadriger Verkehr.

Der zweiadrige Verkehr hat eine große wirtschaftliche Bedeutung, denn er erspart 33% der Leitungen des Verbindungsleitungsnetzes. Aus diesem Grunde wurde der Verkehr schon frühzeitig entwickelt und eingeführt. Während der Fernverkehr stets zweiadrige Fernleitungen benutzte, ist der Ortsverkehr in großen Ortsnetzen über zwei- und dreiadrige Verbindungsleitungen vermittelt worden. Zunächst soll der Verbindungsverkehr in großen Ortsnetzen eingehend untersucht werden, später wird auch der Fernverkehr kurz behandelt.

Der Wählerbetrieb ist von Natur aus dreiadrig und besteht eine Sprechverbindung aus zwei Sprechadern und einer Prüf- und Sperrader. Innerhalb eines Amtes hat die dritte Ader keine besondere wirtschaftliche Bedeutung, wohl aber verteuert sie das Verbindungsleitungsnetz ganz erheblich. Zweiadrige Verbindungsleitungen sind daher von großer Bedeutung.

Für einen zweiadrigen Verkehr sind besondere Schaltungen erforderlich, die sehr verschieden gestaltet werden können. Man kann zunächst nur die Prüfleitung im eigenen Amt führen und prüft dabei wohl das Freisein der Leitung, nicht aber, ob die Leitung in Ordnung ist, ob sich der Wähler in der Ruhelage befindet, ob die Sicherung betriebsfähig ist u. a. m. Eine rückwärtige Sperrung des Wählers und der Leitung vom Amt des Wählers aus muß über die Leitung mit besonderen Mitteln erfolgen. Wenn man alle diese Bedingungen erfüllen will, dann muß entweder über die Leitung geprüft oder aber es muß Ruhestrom verwendet werden. Da aber durch einen derartigen Ruhestrom verhältnismäßig viel Energie verbraucht wird, in einem 10 000er-Amt einer großen Anlage werden die jährlichen Energiekosten allein dadurch um etwa 4% gesteigert, was recht erheblich ist, so ist Ruhestrom möglichst zu vermeiden. Es bleibt daher nur Prüfung über die Leitung übrig. Zu diesem Zwecke wird die Prüfleitung mit der Sprechleitung in freiem Zustande verbunden und diese Verbindung nach der Belegung aufgehoben.

Die Auslösung des Wählers mit der Leitung nach einer Verbindung erfordert ebenfalls besondere Mittel. Wird auf der Verbindungsleitung mit Ruhestrom während einer Verbindung, wie auf der Teilnehmerleitung, gearbeitet, dann ist die Auslösung einfach durch Unterbrechung des Ruhestromes gegeben. Dieser Ruhestrom erfordert aber eine Stromstoßumsetzung mit Brückenrelais an jeder

Verbindungsleitung, wodurch Stromstoßverzerrungen begünstigt
werden und zusätzliche Dämpfungen hinzukommen, was zweckmäßig
vermieden wird. Die unmittelbare Durchschaltung der Verbindungsleitungen an allen Stellen ohne hemmende Glieder wie Relais-
brücken und Übertrager ergibt die günstigste Lösung.

Es sind viele Schaltungen dafür entwickelt worden, die vielfach
mit Stromdifferenzen gearbeitet haben, wodurch aber keine großen
Batterie- und Erdspannungsunterschiede der Ämter zugelassen werden konnten und außerdem auch die Symmetrie der Sprechleitungen
ungünstig beeinflußt würde. Erst die Einführung der Glimmlampe
hat die vollkommenste und wirtschaftlichste Lösung mit den größten
Sicherheiten, der kleinsten Dämpfung und der besten Symmetrie
ergeben.

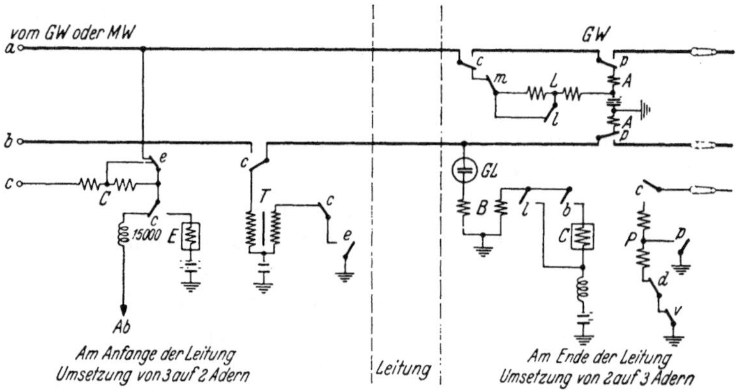

Abb. 30. Zweiadriger Verkehr mit Glimmlampe.

Die Glimmlampe ist ein Schaltmittel mit praktisch unendlichem
Widerstand in der Ruhelage, der plötzlich unter 2000 Ohm sinkt,
wenn eine die Reizschwelle von 80 bis 90 Volt übersteigende
Spannung angelegt wird. Der dann entstehende Strom kann durch
Vorwiderstände geregelt bis 15 mA betragen, wodurch Schaltvorgänge ausgelöst werden können. Da Glimmlampen nur eine
Kapazität von 20.10^{-12} F = 20 pF etwa 22 cm haben, so kann man
sie selbst einseitig an die Sprechleitung legen, ohne praktisch die
Symmetrie zu verschlechtern. Durch Anlegen einer entsprechend
hohen Spannung können dann, neben den gewöhnlichen Schaltvorgängen auf den Leitungen mit der Amtsspannung, andere Schaltvorgänge, z. B. Auslösen, veranlaßt werden.

Abb. 30 zeigt eine Schaltung für den zweiadrigen Verkehr mit
Glimmlampe im Motorwählersystem. Die Leitung kann von einem
GW unmittelbar oder über einen MW belegt werden. Dabei erfolgt

die Prüfung über das C-Relais am Anfange der Leitung, über die a-Leitung, über ein L-Relais, Wählerruhekontakt nach Batterie, wobei auch die Ruhelage des GW geprüft wird. Bei einer Belegung spricht am Anfange der Leitung das C-Relais an und schaltet das E-Relais ein, das die Prüfleitung von der Sprechleitung abschaltet. Am Ende der Leitung spricht das L-Relais an und schaltet das B-Relais ein. Sind am Anfange der Leitung die Schaltvorgänge durch Ansprechen von E beendet, so fällt L ab, worauf das C-Relais im GW anspricht und die Leitung zum Wähler durchschaltet. Dieser Schaltvorgang ist zwangläufig, so daß das Stromstoßrelais des GW dadurch nicht beeinflußt werden kann. Der weitere Verbindungsaufbau zeigt keine Besonderheiten.

Am Schluß der Verbindung bei der Auslösung fällt am Anfang der Leitung das C-Relais unverzögert ab, während das E-Relais verzögert ist. Dadurch wird die erste Wicklung des Auslöseübertragers T an die Batterie geschaltet, wodurch ein kräftiger Induktionsstoß, dessen Spannung der Batterie überlagert ist, von der zweiten Wicklung in die Leitung geschickt wird. Die Glimmlampe wird erregt und das B-Relais, infolge seiner gegeneinander geschalteten Wicklungen, abgeworfen, worauf C abfällt und die weitere Auslösung veranlaßt. Wenn der Entmagnetisierungsstromstoß so lang und kräftig sein sollte, daß das B-Relais vollkommen ummagnetisiert wird und infolgedessen wieder anzieht, so kann es sich doch nach Beendigung des Stromstoßes nicht mehr halten, weil dann der Gleichstrom der Batterie das Relais wieder ummagnetisiert und damit abwirft. Die Auslösung ist daher gesichert.

In dieser Weise ist der zweiadrige Verkehr unter Erfüllung aller Bedingungen ohne Ruhestrom möglich. Die Regelung der rückwärtigen Sperrung bei MW ist über einen hochohmigen Widerstand an der c-Leitung gegeben. Derartige zweiadrige Leitungen können in beliebiger Zahl hintereinander geschaltet werden, ohne daß Schwierigkeiten zu erwarten sind. Ebenso ist auch doppeltgerichteter Verkehr in kleinen Leitungsbündeln möglich.

Der Fernverkehr ist für kurze Fernleitungen innerhalb der Netzgruppen noch zweiadrig, für lange Fernleitungen vieradrig. In beiden Fällen ist die bisher behandelte Betriebsmethode nicht anwendbar, denn die Fernleitungen werden grundsätzlich abgeriegelt, um Einflüsse zu verhindern und Phantomausnutzung zu ermöglichen. Am Anfange der Fernleitung erfolgt Stromstoß- und Zeichenumsetzung auf eine der Fernleitung angepaßte Stromart und am Ende Zurückformung der Zeichen wieder in Gleichstrom. Bei zweiadrigen Fernleitungen werden für die Zeichen Induktivströme oder Wechselströme 50 Hz, bei vieradrigen Fernleitungen Tonfrequenzströme verwendet. Die Prüfung kann nicht mehr unmittelbar über

die Fernleitung erfolgen, sondern erfolgt demzufolge nur im eigenen
Amt und die Prüfung der Wähler nur unmittelbar. Ist der Wähler
nicht empfangsbereit, oder wird er gesperrt, dann wird rückwärts
ein Zeichen über die Fernleitung gegeben, das die Aufprüfung verhindert.

Es sind daher am Anfange und Ende der Fernleitungen Übertragungen erforderlich, die eine Umformung der Stromzeichen ausführen. Die dadurch begünstigten Stromstoßverzerrungen müssen
unter Umständen durch Entzerrer beseitigt werden, die entstehenden zusätzlichen Dämpfungen sind, wenn erforderlich, durch Verstärker auszugleichen.

17. Umsteuerverkehr.

Der Umsteuerverkehr hat eine erhebliche technische, betriebliche
und wirtschaftliche Bedeutung, denn er ermöglicht viele Arten
von Umsteuerungen zwischen den Stromstoßreihen ohne jeden
Zeitverlust und ermöglicht dadurch eine ganz besondere Technik,
wodurch beachtliche Vorteile erreicht werden können. Er ist eingeführt worden, um das teure Leitungsnetz, das ein Mehrfaches des
Aufwandes der Vermittlungseinrichtungen erfordert, besser auszunutzen, ohne aber in keiner Weise den zügigen Aufbau der Verbindungen zu hemmen oder eine verwickeltere Numerierung der
Teilnehmer zu benötigen. Aber nicht allein das Leitungsnetz kann
besser ausgenutzt werden, sondern es werden auch zum großen
Teil Nummernempfänger erspart. Folgende Umsteuerungen können
vorgenommen werden, wobei die erreichbaren Vorteile angegeben
werden:

1. Umsteuern bei Innenverbindungen von Unterämtern oder Verbindungen in den eigenen Sektor, wobei Verbindungsleitungen freigegeben, also entlastet und Nummernempfänger erspart werden,
bei einfachen Rufnummern der Teilnehmer.

2. Umsteuern auf Querverbindungen, wodurch Umwege und
Nummernempfänger erspart werden können.

3. Umsteuern auf Umwege in besonderer Art, um Leistungs-
steigerungen der Leitungen zu erreichen.

4. Umsteuern auf einfachere Leitungen, um hochwertige Leitungen für kürzere Verbindungen zu ersparen, wobei auch Nummernempfänger erspart werden.

Alle diese Umsteuerungen erfolgen beim Verbindungsaufbau ohne
Zeitverlust zwischen den Stromstoßreihen, so daß irgendwelche
Hemmungen des Verbindungsaufbaues nicht auftreten, ohne daß

dabei die einfachen Rufnummern der Teilnehmer in irgendeiner
Weise beeinflußt werden, was bei der großen Zahl der Schaltvorgänge ganz überraschend ist. Erfolgt die Umsteuerung in allen
Fällen ohne Rücksicht darauf, ob Leitungen oder Wähler in der
neuen Richtung frei sind oder nicht, so wird dies als einfacher Umsteuerverkehr bezeichnet. Erfolgt aber die Umsteuerung nur dann,
wenn Verbindungsglieder auch wirklich frei sind, dann wird dieser
Verkehr gesteuerter Umsteuerverkehr genannt. Im Besetztfalle verlaufen dann die Verbindungen ohne Umsteuerung über die Haupt-
bündel des Netzes in gewöhnlicher Weise. Beim einfachen Umsteuerverkehr entstehen im Besetztfalle Verluste, beim gesteuerten
Umsteuerverkehr nicht, wodurch eine beachtliche Leistungssteigerung
der Verbindungsglieder erreicht wird.

Der Umsteuerverkehr der Punkte 1, 2 und 4 erfolgt durch Umsteuerwähler in Verbindung mit Mitlaufwerken. Der Umsteuerwähler hat eine
Hauptrichtung, über die der Hauptverkehr fließt und die beim Belegen
gleich durchgeschaltet wird und eine oder mehrere Umsteuerrichtungen, die nur nach entsprechender Nummernwahl nach der
Umsteuerung belegt werden. Er besteht in der einfachsten Form
aus einem Drehwähler mit so vielen Kontakten, als Leitungen der
Hauptrichtung und der Umsteuerrichtungen belegt werden können.
Wird der Umsteuerwähler durch viele Kontakte in den Richtungen
zu groß, so daß die Zeit für seine Einstellung zwischen den
Stromstoßreihen nicht mehr ausreicht, dann wird er in mehrere
Drehwähler, je ein Drehwähler für Hauptrichtung und jede Umsteuerrichtungen unterteilt. Die jeweilige Ausbildung des Um-
steuerwählers richtet sich nach der Zeit, die zu seiner Einstellung
erforderlich ist, wobei Motorwähler eine erhebliche Erleichterung
der Aufgabe bedeuten. Motorwähler begünstigen daher den Ausbau
dieser besonderen Technik.

Der Umsteuervorgang wird durch Mitlaufwerke, gewöhnlich keine
Drehwähler, gesteuert. Das Mitlaufwerk überwacht die Nummernwahl und wird durch diese mit den Nummernempfängern gewissermaßen parallel eingestellt. Es nimmt die gewählte Nummer
auf und schaltet bei jedem Stromstoß sein Einstellglied um einen
Schritt weiter, wobei die Stromstöße der Stromstoßreihen addiert
werden. Wenn eine Umsteuerung nach beispielsweise drei Stromstoßreihen erfolgen soll, so muß neben der Summe der Stromstöße
auch die Zahl der Stromstöße je Reihe geprüft werden. Diese
Prüfung geschieht derart, daß ein Überwachungsrelais zum Ansprechen gebracht wird, wenn die Nummer der Reihe nicht der
Umsteuernummer entspricht. Ebenso wird das Überwachungsrelais
zum Ansprechen gebracht, wenn eine dieser Raststellen übergangen
werden sollte. Das Überwachungsrelais setzt dann das Mitlaufwerk still und schaltet die Umsteuerung aus.

6*

Für größere Umsteuerwähler mit zahlreichen Richtungen kann
auch das Mitlaufwerk in mehrere Drehwähler, je ein Drehwähler
je überwachter Stromstoßreihe unterteilt werden, wodurch sich die
Überwachung vereinfacht. Wird nun die für die Umsteuerung in
Frage kommende Nummer gewählt, so veranlaßt das Mitlaufwerk
die entsprechende Umsteuerung, abhängig oder unabhängig vom
Freisein der in Betracht kommenden Verbindungsglieder entsprechend der Art des Umsteuerverkehrs. Umsteuerwähler und
Mitlaufwerke können für mehrere verschiedene Richtungen und
verschiedene Umsteuerungen verwendet werden. Mit diesen Schaltmitteln ist eine ganz besondere Technik, die Umsteuertechnik, entwickelt worden.

Alle diese Umsteuerungen lassen sich im Motorwählersystem mit
größerer Sicherheit als bisher durchführen, weil die Motorwähler
eine größere Geschwindigkeit als die bisherigen Wähler besitzen
und deshalb mehr Zeit für die Umsteuervorgänge zur Verfügung
steht.

Zu den einzelnen Umsteuerungen ist noch weiter zu sagen:

Z u 1 : Der Verbindungsaufbau mit der Nummernwahl erfolgt
nicht von den Unterämtern, sondern vom Hauptamt oder vom
Netzgruppenmittelpunkt aus. Wird eine Innenverbindung bei Unterämtern oder eine Verbindung in den eigenen Sektor gewählt, so
würden im Hauptamt ankommende und abgehende Verbindungsleitungen nutzlos benutzt werden. Durch die Umsteuerung auf das
eigene Amt oder den eigenen Sektor, veranlaßt durch das Mitlaufwerk, werden Verbindungsleitungen frei und werden außerdem
Nummernempfänger gespart. Erfolgt die Umsteuerung ohne Rücksicht auf freie Verbindungsglieder im einfachen Umsteuerverkehr,
so können Verluste eintreten; erfolgt die Umsteuerung aber nur bei
freien Verbindungsgliedern im gesteuerten Umsteuerverkehr, so
kommen keine Verluste vor. Die Leistung der im gesteuerten Umsteuerverkehr erreichten Verbindungsglieder wird dadurch sehr gesteigert. Der Umsteuerverkehr kann sowohl in der Vorwahlstufe,
als auch in den Gruppenwahlstufen zur Anwendung kommen, ohne
dadurch die einfache Numerierung der Teilnehmer in irgendeiner
Weise ungünstig zu beeinflussen.

Der Umsteuerverkehr nach Punkt 1 ist die wichtigste Anwendung dieser besonderen Technik. Einen Anhalt für die Wirtschaftlichkeit des Umsteuerverkehrs in der Vorwahlstufe von Unterämtern geben folgende Zahlen:

Der Umsteuerverkehr ist wirtschaftlich, wenn bei 25 Leitungen
zwischen Haupt- und Unteramt bei 1,5 km Entfernung 20%, bei

3,5 km Entfernung 10% Innenverkehr vorhanden ist. Je größer die Entfernung, je größer der Innenverkehr und je kleiner die Zahl der Leitungen, desto wirtschaftlicher ist der Umsteuerverkehr.

Z u 2 : Im Sternnetz sind Querverbindungen grundsätzlich nicht zweckmäßig und deshalb von vornherein nicht vorgesehen. Wenn aber aus irgendwelchen Gründen Querverbindungen doch vorhanden sein sollten, so können sie im einfachen, aber gesteuerten Umsteuerverkehr betrieben werden, wobei ebenfalls Nummernempfänger erspart werden. Was unter 1 über einfachen und gesteuerten Umsteuerverkehr gesagt wurde, trifft auch hier zu. Durch Querverbindungen werden wohl Umwege erspart, doch ist die Leistung der Querverbindungen infolge der gewöhnlich sehr kleinen Bündel recht klein. Nur im gesteuerten Umsteuerverkehr läßt sich eine angemessene Leistung erzielen.

Z u 3 : Wenn ein Leitungsbündel in einer Richtung besetzt ist, so kann der Verkehr über ein anderes Leitungsbündel dann umgeleitet werden, wenn Querverbindungen zwischen den beiden Richtungen bestehen. Dieser Umwegverkehr erfolgt ebenfalls vollkommen selbsttätig zwischen den Stromstoßreihen, wenn die erste Richtung besetzt ist. Dadurch kann wohl eine gewisse Leistungssteigerung auf den Hauptrichtungen erreicht werden, nicht aber auf den Querverbindungen. Ist die Leistung der Querverbindungen bei kleinen Bündeln klein, so ist die Leistungssteigerung auf den Hauptrichtungen bedeutungslos, weil die Querverbindungen zu sehr belastet werden. Nummernempfänger werden nicht erspart.

Z u 4 : Wenn sich aus der Nummernwahl ergibt, daß nur eine kurze Leitung für die Verbindung benötigt wird, so kann von einer hochwertigen Leitung auf eine einfachere Leitung umgesteuert werden — was besonders im Fernverkehr von Bedeutung sein kann, wobei ebenfalls wieder Nummernempfänger erspart werden. Es kann z. B. von einer Vierdrahtleitung auf eine Zweidrahtleitung umgesteuert werden, wenn eine Zweidrahtleitung für die in Frage kommende kurze Verbindung ausreicht.

Diese Umsteuerungen, besonders mit gesteuertem Umsteuerverkehr und besonders die unter Punkt 1 angegebenen Umsteuerungen, haben eine erhebliche Bedeutung, die Umsteuerungen unter Punkt 2 bis 4 können Bedeutung erlangen, wenn durch die Praxis an Hand der jeweilig vorliegenden örtlichen Verhältnisse derartige Forderungen gestellt werden.

Schrittwählersysteme, insbesondere mit Motorwählern, ermöglichen alle diese vielfachen Umsteuerungen, ohne hemmende und verzögernde Aufspeicherung der Nummern in Registern zu benötigen.

18. Zwischenverteiler.

Zwischenverteiler in ihrer ursprünglichen Form sind eine Überlieferung der Handamtstechnik, die hauptsächlich dazu dienten, den Verkehr ohne Nummernänderung der Teilnehmer gleichmäßig auf die Abfrageplätze zu verteilen. Sie waren daher zwischen Vielfach-Klinken und Abfrage-Klinke angeordnet. Auch in der Wählertechnik wurden zuerst Zwischenverteiler für diesen Zweck gefordert und auch in der Praxis verwendet, die aber mehr schadeten als nutzten. Natürlich kann durch einen derartigen Zwischenverteiler der Verkehr der Vorwahlstufe gleichmäßiger auf die Gruppen verteilt werden, was aber auf die LW-Stufe, die ebenso wichtig ist, keinen Einfluß hat. Der Zwischenverteiler wirkt daher beim Wählerbetrieb nur auf den abgehenden Verkehr, nicht aber auf den ankommenden. Um auch den ankommenden Verkehr gleichmäßig zu verteilen, müssen die Teilnehmer entsprechend ihrem Verkehr auf die verschiedenen Gruppen verteilt werden. Wird dies durchgeführt, dann ist der Zwischenverteiler aber überflüssig, weil auf diese Art sowohl der ankommende, als auch der abgehende Verkehr gleichmäßig gut auf die Gruppen verteilt wird, denn gewöhnlich ist der ankommende Verkehr eines Teilnehmers etwa gleich dem abgehenden.

Der Zwischenverteiler diente aber noch anderen Zwecken; wenn das Anrufglied eines Teilnehmers gestört war, so konnte am Zwischenverteiler schnell eine Umlegung auf ein anderes Glied erfolgen, so daß der Verkehr in kurzer Zeit ermöglicht wurde. Wenn dann später das Anrufglied wieder in Ordnung gebracht worden war, so wurde der Teilnehmer wieder darauf zurückgeschaltet. Wurde aber die Rückschaltung aus irgendeinem Grunde versäumt, so war das Anrufglied des Teilnehmers schwierig zu finden, wenn nicht am Zwischenverteiler mit seiner verdeckten Schaltungsart die Umschaltung in einem Umschaltebuch eingetragen war. Der Betrieb war daher von der ordnungsmäßigen Führung eines Buches abhängig, was aber mitunter zu wünschen übrig ließ, besonders, weil kurzfristige Umlegungen in Störungsfällen gewöhnlich nicht eingetragen wurden.

Da der Zwischenverteiler in seiner ursprünglichen Bedeutung in der Wählertechnik nur ungenügend wirksam ist und außerdem die erwähnten Mängel im Betriebe zeigt, so ist er zweckmäßig zu vermeiden. Die gleichmäßige Belastung der Gruppen beim Wählerbetrieb sowohl für abgehenden als auch für ankommenden Verkehr, wird dadurch erreicht, daß bei der Einschaltung des Amtes die Reserven auf alle Gruppen etwa gleichmäßig verteilt werden und somit die einzelnen Gruppen entlastet sind. Neu hinzukommende Teilnehmer werden ihrem Verkehr entsprechend auf die Gruppen verteilt und damit noch bestehende Ungleichmäßigkeiten in den Gruppen mit der Zeit immer mehr ausgeglichen. Die vorübergehende Umschaltung der Anrufglieder bei Störungen kann innerhalb eines Gestelles oder mehrerer benachbarter Gestelle der Vorwahlstufe an den kleinen Lötösenstreifen, die je Rahmen vorhanden sind, in vollkommen offener Schaltung erfolgen, so daß sofort eine vorgenommene, nicht für den gewöhnlichen Betrieb vorgesehene Umschaltung zu erkennen ist. Die Führung eines Umschaltebuches darüber ist durch die offene Schaltung und Führung der Hilfsleitungen auf der vorderen Seite der Rahmen und Gestelle vollkommen überflüssig. Zwischenverteiler in ihrer ursprünglichen Form empfehlen sich daher nicht mehr.

Der Ausdruck Zwischenverteiler ist nun in der Wählertechnik auch verwendet worden, um die Verteiler innerhalb der Gruppenwahlstufen zu bezeichnen. Diese Verteiler sind im Gegensatz zu dem ursprünglichen sehr zweckmäßig, weil mit ihnen die Anpassung der Amtsausrüstung und der Misch- und Staffelschaltungen an den jeweiligen Verkehr in einfacher Weise je Richtung durchgeführt wird. Auch wenn vollkommene Bündel mit MW verwendet werden, sind Misch- und Staffelschaltungen für die Einfügung der MW vorgesehen. Jede Erweiterung durch Einfügung von neuen Dekadenausgängen neuer GW-Rahmen oder Einschaltung von neuen abgehenden Leitungen in den einzelnen Richtungen wird an diesen Verteilern durchgeführt. Ein Mischungsplan je Richtung ist zweckmäßig an jedem Verteiler aufzuhängen oder leicht zugänglich anzuordnen. Diese Verteiler, die zur Vermeidung von Irrtümern Gruppenverteiler genannt werden sollten, sind im Motorwähler-System von derselben Bedeutung wie im Hebdrehwähler-System.

19. Kreislaufschaltungen im Motorwählersystem.

Im gewöhnlichen Schrittwählersystem mit VW und Hebdrehwählern bringen Kreislaufschaltungen gewisse wirtschaftliche Vorteile. Eingehende Untersuchungen haben ergeben, daß Kreislaufschaltungen über 1000er Gruppen in der LW- und letzten GW-Stufe die größten Vorteile erbringen, wenn die Schaltmittel der Vorwahlstufe für den Rückwärtsaufbau mit verwendet werden. Daß diese Größe der Kreislaufschaltungen die zweckmäßigste sein wird, bestätigt auch eine einfache Überlegung, denn 1000er Gruppen ergeben bei mittlerem Verkehr etwa 100er Bündel im System, wodurch die beste Ausnutzung ermöglicht wird. Bei weiterer Vergrößerung der Kreislaufgruppen steigt wohl die Größe der Bündel im System, aber die Ausnutzung nimmt nur noch sehr wenig zu, während die Aufwendungen für die großen Gruppen erheblich zunehmen. Der wirtschaftliche Gewinn beträgt dann im günstigsten Falle etwa 10% der Anlagekosten.

Motorwähler, mit ihrer leichten Anpassung an alle Betriebsforderungen, werden sich auch sehr gut für Kreislaufschaltungen eignen. Es ist deshalb die Frage aufzuwerfen, ob derartige Kreislaufschaltungen im Motorwählersystem wirtschaftlich sind und mit Vorteil in der Praxis verwendet werden können. Dabei kann man unterscheiden zwischen einfachen Systemen nur mit Nummernempfängern und AS und MW in Sparschaltung und weiter entwickelten Systemen mit Spitzen- und Doppelbetriebswählern für mehrere Gruppen, die beide in bezug auf Wirtschaftlichkeit von Kreislaufschaltungen geprüft werden müssen.

Abb. 31 zeigt beide Arten von Motorwählersystemen ohne und mit Kreislaufschaltungen im Fünf-Ziffern-System. Unter a ist ein einfaches System nur mit Nummernempfängern und AS und MW in Sparschaltung dargestellt, unter b dasselbe System, aber mit Kreislaufschaltung über die beiden letzten Wählerstufen, unter c ist ein weiterentwickeltes System mit Spitzen- und Doppelbetriebswähler für zwei Gruppen angegeben und unter d dieses System mit Kreislaufschaltung. In den Kreislaufschaltungen treten an Stelle der LW, AS für den Rückwärtsaufbau, ASR, die mit Übertragungssucher ÜS unmittelbar verbunden sind und ASR, die über besondere Kontakte der MW dieselben ÜS erreichen. Die Spitzen- und Doppelbetriebswähler AS und ASR erreichen im Rückwärtsaufbau die ÜS ebenfalls über besondere Kontakte der MW. Am Beginn des Kreislaufes sind Speisebrückenübertragungen mit kleinen Wählern für die Auswahl freier GW vorgesehen, die von den Übertragungssuchern ÜS beim Rückwärtsaufbau aufgesucht werden. Die GW suchen freie LW der gewählten Gruppe aus, über die der Anreiz zum Rückwärtsaufbau gegeben wird. Der Verbindungsaufbau innerhalb des Kreislaufes vollzieht sich in beiden Arten von Systemen folgendermaßen:

Wird eine Übertragung durch einen GW der vorherliegenden Stufe belegt, so sucht sofort der kleine Wähler einen freien GW des Kreislaufes auf. Dieser GW wird durch die Nummernwahl auf die gewählte Dekade eingestellt und sucht einen freien LW dieser Gruppe aus. Der LW wird durch die Zehner- und Einerwahl auf den Teilnehmer eingestellt. Bei freiem Teilnehmer wird ein ASR dieser Gruppe zum Rückwärtsaufbau angereizt und stellt sich auf den durch den LW besonders gekennzeichneten Teilnehmer ein. Der dazugehörende Übertragersucher ÜS wird ebenfalls angereizt und sucht die dazugehörende Übertragung aus, die in diesem

Augenblick besonders gekennzeichnet wird. Nach der Einstellung der Wähler des Rückwärtsaufbaues lösen die Wähler des Kreislaufes GW und LW aus. Anruf und Speisung des Angerufenen, ebenso die spätere Gesprächszahlung, erfolgt von der Übertragung aus. Bei besetztem Teilnehmer wird das Besetztzeichen von der Übertragung

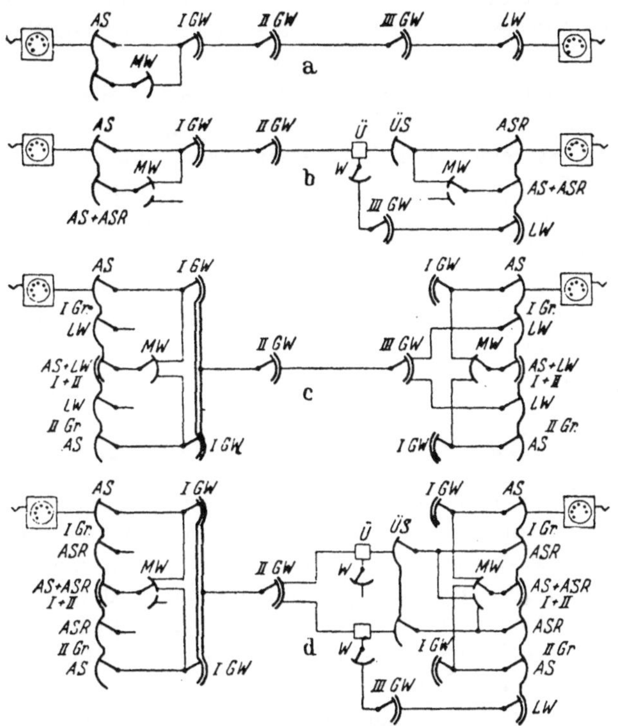

Abb. 31. Motorwählersysteme.
a) System mit AS und MW.
b) System mit AS und MW und mit Kreislauf.
c) System mit Spitzen- und Doppelbetriebswählern für zwei Gruppen.
d) System mit Spitzen- und Doppelbetriebswählern für zwei Gruppen und
   mit Kreislauf.

gegeben und die GW und LW des Kreislaufes ausgelöst. Der Spitzenverkehr verläuft über die betreffenden ASR und die MW, die besonders beeinflußt werden, zu denselben ÜS.

Vergleicht man nun den Aufwand der verschiedenen Systeme an Wählern und Relais untereinander, so ergibt sich für einen mittleren Verkehr folgendes:

Das Kreislaufsystem b ergibt gegenüber dem einfachen System gleicher Art a einen wirtschaftlichen Gewinn von etwa 5% in den Anlagekosten, bezogen auf den Wählerteil.

Das weiterentwickelte System c mit Spitzen- und Doppelbetriebswählern für zwei Gruppen ergibt gegenüber dem einfachen System a einen wirtschaftlichen Gewinn von etwa 15,5% in den Anlagekosten, wie es schon früher nachgewiesen wurde.

Das Kreislaufsystem d ergibt gegenüber dem einfachen System a einen Gewinn von etwa 10%, gegenüber dem weiterentwickelten System gleicher Art c aber einen wirtschaftlichen Verlust von etwa 6,5% in den Anlagekosten.

Daraus ergibt sich, daß Kreislaufschaltungen nur einen Gewinn bei einfachen Motorwählersystemen bringen, während in weiterentwickelten Systemen mit Zusammenfassung kleiner zu größeren Gruppen mit Spitzen- und Doppelbetriebswählern Verluste entstehen. Kreislaufschaltungen sind daher in weiterentwickelten Motorwählersystemen nicht zu empfehlen.

Systeme mit Spitzen- und Doppelbetriebswählern für mehrere Gruppen ergeben demnach ohne Kreislaufschaltungen den wirtschaftlich größten Gewinn.

20. Mehrfachausnutzung.

Bei der Untersuchung und Prüfung der zweckmäßigsten Verwendung der Motorwähler ist auch eine Mehrfachausnutzung derselben in Betracht zu ziehen. Natürlich läßt sich eine Mehrfachausnutzung von Motorwählern leicht durchführen, doch ist die Frage aufzuwerfen, ist eine solche Mehrfachausnutzung auch wirtschaftlich nicht zu verwickelt und zu empfehlen? Zur Beantwortung dieser Frage soll eine kurze Untersuchung erfolgen.

Die Art der Mehrfachausnutzung großer 100-kontaktiger Wähler ist schon früher[1]) eingehend untersucht worden und können deshalb diese Untersuchungen hier zugrunde gelegt werden.

Für die Mehrfachausnutzung ist zunächst der 100-kontaktige Motorwähler in zehn kleine Wähler mit je zehn Kontakten zu unterteilen und sind dann noch weitere zehn kleine Wähler mit je zehn Kontakten dazu erforderlich. Je Dekade ist ein kleiner Sucher für das Aufsuchen einer für diese Verbindung benutzten Übertragung und ein mit ihm unmittelbar verbundener kleiner Wähler für die Auswahl einer freien Leitung in der betreffenden Dekade erforderlich. Durch die Vorwahlstufe wird eine Übertragung belegt, die über einen besonderen kleinen Sucher mit einem Teilregister mit zehnkontaktigem Nummernempfänger verbunden wird. Der Nummernempfänger wird bei der Nummernwahl eingestellt, worauf

---

[1]) Langer: „Studien über Aufgaben der Fernsprechtechnik", Ergänzungsband 1941, Verlag Oldenbourg, München, Seite 121.

ein freier Wähler der betreffenden Richtung, dessen Sucher aber Zugang zu der belegten Übertragung haben muß, angereizt wird, eine freie Leitung zu suchen. Gleichzeitig läuft auch der Sucher und stellt sich auf die betreffende Übertragung, die besonders gekennzeichnet wird, ein. Nach der Einstellung wird das Teilregister frei. Besondere Maßnahmen sind für die richtige Steuerung der Wähler und Sucher und zur Verhinderung von Kreuzverbindungen erforderlich. Durch eine Zusammenfassung mehrerer aufgeteilter Wähler zu einer größeren Gruppe wird eine größere Zugänglichkeit zu den Übertragungen und den freien Leitungen in den verschiedenen Richtungen erreicht. Die Art der Zusammenfassung ist aus der angegebenen Literaturstelle zu ersehen.

Ein Vergleich des Aufwandes mit dem Nutzen ergibt folgendes: Als Aufwand sind gegenüber den früheren 100-kontaktigen Motorwählern je zwanzig kleine Motorwähler mit je zehn Kontakten erforderlich, zu denen noch ein gewisser Teil für die Übertragungen mit den Suchern und den Teilregistern zu errechnen ist. Als Nutzen erhält man eine größere Ausnutzung, die unter gewissen Bedingungen bis zu zehn gleichzeitig bestehenden Verbindungen, gegenüber nur einer früher, betragen kann. Mit einer zehnfach größeren Ausnutzung kann aber im Mittel nicht gerechnet werden, weil dies ein Spitzenwert ist, der nur ganz gelegentlich vorkommen kann. Die Herabsetzung der Zugänglichkeit durch bestehende Verbindungen und die deshalb erforderliche rückwärtige Sperrung beeinflussen diesen Wert beachtlich. Man muß nicht bestehende Verbindungen, sondern die Leistung der Wähler mit und ohne Mehrfachausnutzung miteinander vergleichen. Nach den früheren Untersuchungen ist die Leistung eines aufgeteilten Wählers mit Mehrfachausnutzung etwa 4,3mal größer als die eines nichtaufgeteilten Wählers in großen Bündeln, wenn bei der Mehrfachausnutzung die günstigste Anordnung mit der bestmöglichsten Zugänglichkeit zugrunde gelegt wird.

Nimmt man den Wert eines kleinen zehnkontaktigen Motorwählers mit seinen Relais zu etwa $1/3$ des hundertkontaktigen Motorwählers an, so ist der Gesamtaufwand eines aufgeteilten Wählers das $20 \times 1/3 = 6\,2/3$fache eines großen Wählers. Einer 4,3fach besseren Ausnutzung steht daher ein $6\,2/3$facher Aufwand gegenüber, bei dem noch nicht einmal der Aufwand für die Übertragungen und die Einstellwege mit den Teilregistern berücksichtigt ist, wodurch das Ergebnis noch ungünstiger wird.

Das Ergebnis unterscheidet sich praktisch kaum von dem früheren Ergebnis in der angegebenen Literaturstelle, weil die Aufteilung gleich großer Wähler in ebenso viele kleinere Wähler etwa mit denselben Aufwendungen verbunden ist.

Eine Mehrfachausnutzung von Motorwählern auf dieser Grundlage ist daher nicht wirtschaftlich und, da auch das System nicht einfacher, sondern verwickelter als ein System ohne Mehrfachausnutzung wird, so ist auch deshalb eine Mehrfachausnutzung nicht zu empfehlen.

21. Die Einschaltung der MW im Orts- und Fernverkehr.

MW werden bekanntlich verwendet, um große vollkommene Bündel mit der bestmöglichen Leistung zu schaffen. Sie kommen in der Vorwahlstufe des Ortsverkehrs und in den Gruppenwahlstufen des Orts- und Fernverkehrs zur Anwendung, besonders wenn die beste Ausnutzung hochwertiger Verbindungsglieder wie wichtige Wähler oder Verbindungs- und Fernleitungen erreicht werden soll. Sie besitzen zehn bis zwanzig Kontaktgruppen je nach der Art der Gruppierung und arbeiten im alten Schrittwählersystem zum Teil mit Voreinstellung, während sie im neuen schnellarbeitenden Motorwählersystem allgemein mit Nacheinstellung betrieben werden können.

Vorwahlstufe.

Im wirtschaftlich entwickelten Motorwählersystem haben die Gruppen in gewöhnlicher Weise eigene AS und LW, über die der Hauptverkehr geleitet wird. Für den Spitzenverkehr zum Ausgleich der Verkehrsschwankungen werden aber AS und LW zweier Gruppen zusammengefaßt und mit einer gemeinsamen Gruppe von Spitzen- und Doppelbetriebswählern mit doppeltem Kontaktfeld, je eines für jede Gruppe ausgerüstet, die sowohl als AS als auch als LW für beide Gruppen arbeiten können. Die erste Hälfte der Sprechwege, über die der Hauptverkehr fließt, verläuft stets zu den eigenen Wählern der Gruppen wie AS und LW; die letzte Hälfte der Sprechwege, über die der Spitzenverkehr geht, läuft zu den gemeinsamen Spitzen- und Doppelbetriebswählern. Die erste Hälfte der Sprechwege über die eigenen AS führt von diesen unmittelbar zu den I. GW, die letzte Hälfte über die gemeinsamen Spitzen- und Doppelbetriebswähler führt von diesen erst zu MW und dann zu denselben I. GW, die schon unmittelbar mit den eigenen AS der Gruppen verbunden sind. Die I. GW werden daher sowohl unmittelbar von eigenen AS, als auch mittelbar über MW von gemeinsamen AS belegt. Der Verkehr wird dadurch in einen Hauptverkehr über eigene AS und in einen Spitzenverkehr über gemeinsame AS und MW unterteilt. Die MW werden daher in Sparschaltung verwendet.

Wie sich der Hauptverkehr vom Spitzenverkehr bei dieser Anordnung unterscheidet, läßt Abb. 32 erkennen. Auf der Senkrechten sind die Vomhundertsätze des Gesamtverkehrs, auf der Waagerechten ist der Verkehr und die Zahl der Sprechwege je Gruppe aufgetragen. Die eingetragene Kurve gibt die Vomhundertsätze des Hauptverkehrs über die eigenen Wähler und damit auch die Vomhundertsätze des Spitzenverkehrs über die MW an, wenn die erste Hälfte der Sprechwege über die eigenen Wähler und die letzte Hälfte über die MW verläuft, abhängig von der Größe des Verkehrs je Gruppe. Bei sechs Sprechwegen führen die ersten drei Sprechwege unmittelbar zu eigenen Wählern und die letzten drei zu MW;

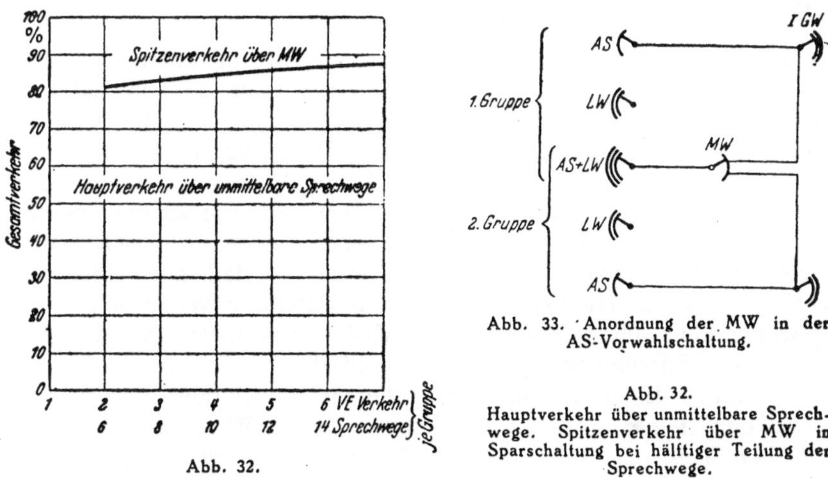

Abb. 32.

Abb. 33. Anordnung der MW in der AS-Vorwahlschaltung.

Abb. 32.
Hauptverkehr über unmittelbare Sprechwege. Spitzenverkehr über MW in Sparschaltung bei hälftiger Teilung der Sprechwege.

bei sechzehn Sprechwegen die ersten acht zu eigenen Wählern und die letzten acht zu MW. Man ersieht, daß über die MW tatsächlich nur ein verhältnismäßig kleiner Teil des Verkehrs, der Spitzenverkehr, fließt. Während der Hauptverkehr über die erste Hälfte der Sprechwege im Mittel etwa 85% beträgt, macht der Spitzenverkehr über die letzte Hälfte der Sprechwege im Mittel nur etwa 15% aus. Dieser Vomhundertsatz schwankt von 13 bis 18,5% je nach der Größe des Verkehrs je Gruppe. In dieser Anordnung haben die Mischwähler bei allen verschiedenen Verkehrsgrößen eine mittlere Leistung von etwa $^{11}/_{60}$ bis $^{15}/_{60}$ VE, was nach den bisherigen Erfahrungen zweckmäßig ist.

Abb. 33 zeigt die Einfügung der MW zwischen Spitzen- und Doppelbetriebswählern und den I. GW, die schon unmittelbar mit dem eigenen AS der Gruppen verbunden sind. Bei dieser Anordnung wird der Spitzenverkehr durch die MW auf die gerade nicht im Betrieb befindlichen I. GW verteilt. Da die I. GW auf zweierlei

Weise erreicht werden, so ist eine wechselseitige Sperrung der Zugänge vorzusehen, je nach der Art der Belegung. Wird ein I. GW vom eigenen AS belegt, so sind die Zugänge von den MW zu sperren, wird er von den MW aus belegt, so ist der eigene AS zu sperren. In dieser Anordnung müssen die MW 20 Kontaktgruppen erhalten, damit jeder Anschluß jeden I. GW erreichen kann. Aus demselben Grunde darf das Vielfachfeld der MW eines Rahmens sich nur über 10 MW erstrecken, trotzdem 20 und unter Umständen noch mehr MW in einem Rahmen zusammengefaßt werden. Die Kontaktgruppen der MW bestehen in der Vorwahlstufe des Ortsverkehrs aus vier Adern, wovon eine Ader für die Gesprächszählung verwendet wird.

Die Einschaltung der MW in den Gruppenwahlstufen des Orts- und Fernverkehrs geschieht gewöhnlich ebenfalls in Sparschaltung. Von den aus den Vielfachfeldern der GW kommenden 10er-Bündel führen die ersten Sprechwege mit dem Hauptverkehr unmittelbar zu den Nummernempfängern der nächsten Stufe unter Umständen über Verbindungs- oder Fernleitungen, während die letzten Sprechwege mit dem Spitzenverkehr über MW zu den gleichen schon verbundenen Nummernempfängern führen, so daß auch hier der Verkehr in einen Hauptverkehr über unmittelbare Wege und einen Spitzenverkehr über MW geteilt wird. Gewöhnlich werden die ersten drei Sprechwege unmittelbar und die restlichen sieben über MW geführt. Es können aber auch die ersten vier oder fünf Sprechwege unmittelbar und die restlichen über MW geführt werden. Welcher Teil des Verkehrs als Hauptverkehr dann unmittelbar und welcher Teil als Spitzenverkehr über MW fließt, läßt Abb. 34 erkennen. Auf der Senkrechten sind die Vomhundertsätze des Verkehrs, auf der Waagerechten ist der Verkehr je ankommendes 10er-Bündel aufgetragen. Es sind drei Kurven für die verschiedenen Unterteilungen von 1 bis 3, von 1 bis 4 und von 1 bis 5 unmittelbaren Sprechwegen angegeben, die den Vomhundertsatz des unmittelbaren Hauptverkehrs und des mittelbaren Spitzenverkehrs über MW, abhängig von der Verkehrsgröße je ankommendes 10er-Bündel erkennen lassen. Man ersieht auch hier, daß der Spitzenverkehr über die MW zum Teil verhältnismäßig klein ist, aber auch beachtliche Werte annehmen kann und unter den verschiedenen Bedingungen zwischen 1 bis 40% beträgt. Damit durch die MW 100er-Bündel gebildet werden, wenn solche großen Bündel zur nächsten Stufe möglich sind, müssen die MW bei 1 bis 3 unmittelbaren Sprechwegen 14 Kontaktgruppen besitzen, denn $7 \times 14 + 3 = 101$ erreichbare nachfolgende Wege, bei 1 bis 4 Sprechwegen 16 Kontaktgruppen, denn $6 \times 16 + 4 = 100$ und bei 1 bis 5 unmittelbare Sprechwege 19 Kontaktgruppen, weil $5 \times 19 + 5 = 100$ ergibt.

Aus der Verkehrsverteilung in Abb. 34 kann noch nichts über die Leistung der MW und über deren erforderliche Zahl für einen bestimmten Verkehr ersehen werden. Hierfür ist die Art der Gruppierung der MW maßgebend. MW, auch in Sparschaltung, werden in Misch- und Staffelschaltungen verwendet, wobei ihre Leistung aber kleiner ist als die der Leistung gewöhnlicher unvollkommener Bündel entspricht. Die gewöhnlichen unvollkommenen Bündel wer-

den bekanntlich aus 10er-Bündel zusammengestellt, während die unvollkommenen Bündel der MW in Sparschaltung nur aus 7er-, 6er- oder 5erBündel gebildet werden. Die Leistung der MW ist daher dementsprechend kleiner; im 5er-Bündel z. B. beträgt die mittlere Leistung bei $1^0/_{00}$ Verlust nur 12/60 VE, bei 1% 18/60 VE und bei 5% 24/60 VE, was sehr zu beachten ist.

Abb. 35 zeigt die Einschaltung der MW in den Gruppenwahlstufen über eine Misch- und Staffelschaltung. Da die Leistung der MW in Misch- und Staffelschaltungen, zusammengesetzt aus 7er-, 6er- oder 5er-Bündel, nicht genau bekannt ist und außerdem nicht nur von der Güte der Mischung und Staffelung, sondern auch von einem gleichmäßigen Verkehrszufluß abhängt, so kann die Bestimmung der Zahl der MW nur angenähert erfolgen. Als Zahl der

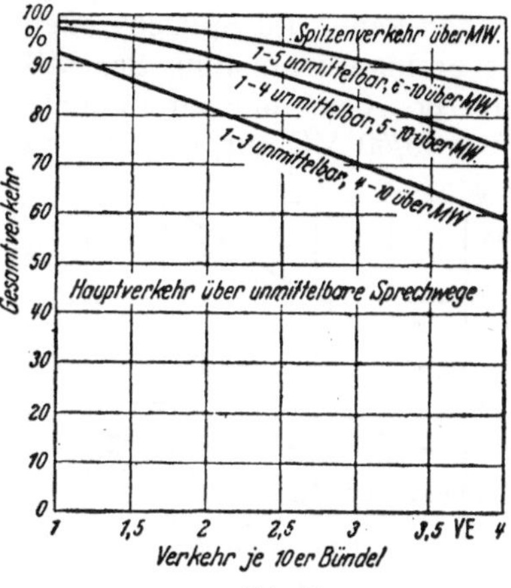

Abb. 34.

Hauptverkehr über unmittelbare Sprechwege, Spitzenverkehr über MW in Sparschaltung bei verschiedenèr Teilung von 10 Sprechwegen.

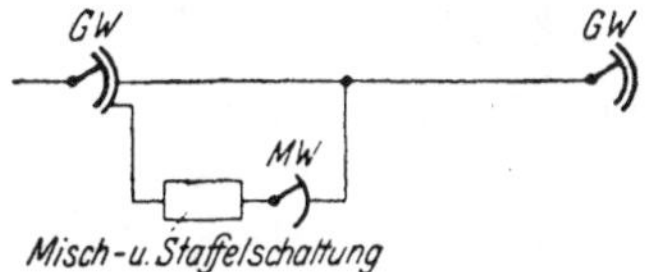

Misch-u. Staffelschaltung

Abb. 35. Einschaltung der MW in den GW-Stufen.

MW bei Sparschaltung wird die halbe Zahl der MW in Misch- und Staffelschaltungen ohne Sparschaltung genommen, wobei noch keine sehr großen Anforderungen an die Güte der Misch- und Staffelschaltung und an den gleichmäßigen Verkehrszufluß zu derselben, die einen großen Einfluß auf die Leistung haben, gestellt werden. Bei der Anordnung der MW in Sparschaltung in dieser Weise ist aber folgendes zu beachten:

Aus Abb. 34 geht hervor, daß die Vomhundertsätze des Verkehrs über die MW mit zunehmendem Verkehr wachsen, so daß die MW dadurch in zunehmendem Maße stärker belastet werden. Mit zunehmender Belastung wachsen aber die Verluste, was berücksichtigt werden muß. Untersucht man die Leistung der MW bei den verschiedenen Anordnungen und Verkehrsgrößen, so kommt man zu Leistungskurven, wie sie in Abb. 36 dargestellt sind. Auf der Senkrechten ist die mittlere Leistung in VE/60, auf der Waagerechten ist der Verkehr je 10er-Bündel aufgetragen. Die drei ausgezogenen Kurven geben die Leistung bei 1 bis 3, bei 1 bis 4 und bei 1 bis 5 unmittelbaren Sprechwegen an. Man ersieht, daß die mittlere Leistung unter diesen Bedingungen von 0,5/60 VE bis auf 26/60 VE steigen kann. Im Spitzenverkehr sollten aber MW mit Rücksicht auf die geringere Leistung der MW in der Misch- und Staffelschaltung mit 7er-, 6er- und 5er-Bündel und auf die Verluste nicht mehr als etwa 15/60 VE ausgenutzt werden, so daß die hohen Ausnutzungen zu vermeiden sind. Aus Abb. 36 können für derartige Sparschaltungen unter Berücksichtigung der Leistung der MW und den gegebenen Voraussetzungen folgende Richtlinien abgeleitet werden.

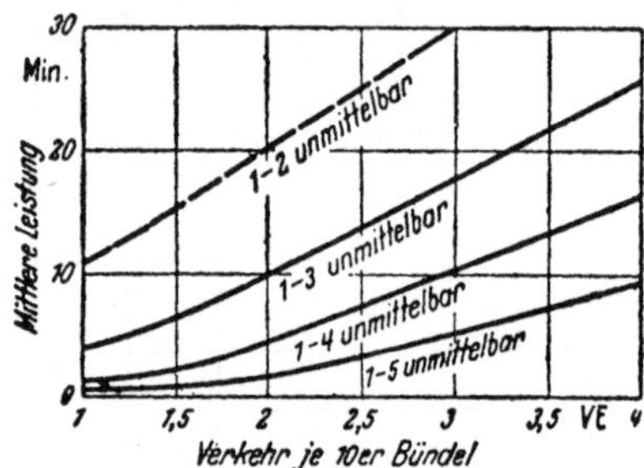

Abb. 36. Mittlere Leistung der MW bei Sparschaltung.

Bis zu einem Verkehr von etwa 2,5 VE je 10er-Bündel sind 3 unmittelbare Sprechwege zu verwenden, von 2,5 VE bis etwa 3,5 VE sind 4 unmittelbare Wege und darüber 5 Wege vorzusehen, dann bleibt die Leistung der MW in den zulässigen Grenzen. Je stärker daher der Verkehr je 10er-Bündel ist, je mehr unmittelbare Wege für den Hauptverkehr sind vorzusehen.

Die Verwendung von weniger als 3 Sprechwegen unmittelbar bei schwachem Verkehr ist nicht zu empfehlen, weil dabei die Leistung der MW stark ansteigt, wie aus der gestrichelten Kurve in Abb. 36 zu ersehen ist, die für 1 bis 2 unmittelbare Sprechwege gilt. In den gewöhnlich in der Praxis verwendeten Misch- und Staffelschaltungen bei MW in Sparschaltung führen die 10er-Bündel einen Verkehr von etwa 2 bis 2,5 VE, so daß 1 bis 3 unmittelbare Sprechwege richtig sind. Allgemein sollten diese Verhältnisse angestrebt werden und bei schwachem Verkehr der ankommenden 10er-Bündel, wie etwa 1 VE und weniger, sollte eine Zusammenschaltung mehrerer Bündel erfolgen, während bei starkem Verkehr von etwa 4 VE und mehr je 10er-Bündel eine Unterteilung derselben vorgenommen werden sollte, so daß stets Bündel mit etwa 2 bis 2,5 VE entstehen, für die 1 bis 3 unmittelbare Sprechwege richtig sind. Die Bestimmung der zweckmäßigsten Vielfachschaltung mit der Zahl der ankommenden 10er-Bündel ist daher von Bedeutung und geschieht in folgender Weise:

Zunächst wird gemäß dem von der ganzen Gruppe zu leistenden Verkehrswert die Zahl der erforderlichen GW im vollkommenen Bündel bestimmt. Da jeder GW einmal unmittelbar von den drei ersten Sprechwegen aus jedem 10er-Bündel erreicht werden soll, so muß der dritte Teil der GW gleich der Zahl der ankommenden 10er-Bündel sein. Wird die Zahl der auf diese Weise bestimmten 10er-Bündel etwas groß, so können die ersten 4 oder 5 Sprechwege unmittelbar zu GW führen und die Zahl der Bündel bestimmt sich dann aus dem vierten oder fünften Teil der GW. Aus dem Verkehrswert der gesamten Gruppe wird dann weiter eine Zahl der MW für ein großes unvollkommenes Bündel ohne Sparschaltung bestimmt und die Hälfte davon für die MW mit Sparschaltung vorgesehen.

Aus nachfolgenden Beispielen kann der Gang der Rechnung und die Leistung der MW für verschieden großen Verkehr ersehen werden.

T a b e l l e 12.

Zugrundegelegter Gesamtverkehr . .	20 VE	40 VE	60 VE
Zahl der GW im vollkommenen Bündel	30 GW	54 GW	75 GW
Zahl der Wähler im unvollk. Bündel	40 W	72 W	104 W
Zahl der MW bei Sparschaltung . .	20 MW	36 MW	52 MW
Bei 1—3 unmittelbaren Sprechwegen:			
Zahl der ankommenden 10er-Bündel	10 B	18 B	25 B
Verkehr je 10er-Bündel	2 VE	2,2 VE	2,4 VE
Leistung der MW	10 min	11 min	13 min
Bei 1—4 unmittelbaren Sprechwegen:			
Zahl der ankommenden 10er-Bündel	8 B	14 B	19 B
Verkehr je 10er-Bündel	2,5 VE	2,85 VE	3,16 VE
Leistung der MW	7 min	9 min	11 min
Bei 1—5 unmittelbaren Sprechwegen:			
Zahl der ankommenden 10er-Bündel	6 B	11 B	15 B
Verkehr je 10er-Bündel	3,3 VE	3,6 VE	4 VE
Leistung der MW	6,5 min	7,5 min	9,5 min

In dieser Weise läßt sich die Zahl der GW und der MW in Sparschaltung mit ihrer jeweiligen Leistung für jeden Verkehrswert leicht bestimmen.

Die Unterschiede der MW in den Gruppenwahlstufen für Ortsverkehr, von denen für Fernverkehr liegen grundsätzlich nicht in der Art der Gruppierung, sondern in der Größe der einzelnen Kontaktgruppen der MW. Während der Ortsverkehr und auch der Verkehr innerhalb einer Netzgruppe zweiadrig durchgeführt wird, bei der die Kontaktgruppen aus je drei Adern bestehen, wird der Fernverkehr vieradrig hergestellt, wobei die Kontaktgruppen je sechs bis sieben Adern besitzen. Der Unterschied liegt daher in der zweiadrigen oder vieradrigen Durchschaltung der Leitungen und damit in der Größe der Kontaktgruppen und der Zahl der Kontaktarme.

22. Gemeinsame oder getrennte Orts- und Fernleitungswähler.

Die Frage, ob gemeinsame Orts- und Fernleitungswähler OFLW oder getrennte Ortsleitungswähler OLW und Fernleitungswähler FLW bei den verschiedenen Verkehrsbedingungen zu verwenden sind, ist in der Wählertechnik von Bedeutung, und es ist daher zur Klärung dieser Frage eine Untersuchung über die zweckmäßigste und wirtschaftlichste Anordnung sehr wichtig.

Getrennte LW erfordern auch getrennte Gruppenwähler GW in allen Stufen und getrennte Leitungsbündel im Ortsnetz. Unterteilung und Bündeltrennung bedeuten aber besonders in kleinen Einheiten eine Herabsetzung der Leistung und damit eine größere Zahl von GW, LW und von Leitungen. Dem steht nur gegenüber, daß getrennte OLW und FLW einfacher als gemeinsame OFLW sein können. Es fragt sich daher, unter welchen Bedingungen ist die eine oder andere Lösung wirtschaftlicher.

Die Bündeltrennung der Leitungen in großen Ortsnetzen mit mehr als etwa 12 km Radius hat keine besondere Bedeutung, weil in derartig großen Netzen sowieso besondere Fernvermittlungsleitungen für den Fernverkehr mit kleinerer Dämpfung als die Leitungen für den Ortsverkehr verwendet werden. In solchen Fällen ist dann nur die Teilung der GW und LW in Rechnung zu setzen. In kleineren Netzen sind dagegen durch die Teilung mehr Leitungen erforderlich.

Einen bedeutenden Einfluß auf das Ergebnis haben die im Fernverkehr zu erfüllenden Bedingungen, weil diese die erforderlichen Schaltmittel besonders der OFLW stark beeinflussen. Werden diese Bedingungen so gestellt, daß sie sich in einfacher Weise, ohne Aufwendung vieler Schaltmittel, leicht erfüllen lassen, so ist der Unterschied zwischen OFLW, OLW und FLW nicht groß, so daß irgendein Vorteil durch die Trennung nicht vorhanden ist. Werden aber umfassende Bedingungen verlangt, die einen großen Aufwand an Schaltmitteln erfordern, so tritt ein bemerkenswerter Unterschied in den LW auf, so daß eine Trennung gerechtfertigt sein könnte. Diese beiden Gruppen von Bedingungen sind folgende:

Einfach zu erfüllende Bedingungen, die keinen großen Aufwand bedürfen sind:

Aufschalten auf jede Verbindung, unter Umständen Trennung von Ortsverbindungen, Schlußzeichen zum Fernamt, Nachrufen vom Fernamt mit nur einem Besetztzeichen für orts- und fernbesetzt.

Umfangreiche Bedingungen, die einen besonderen Aufwand erfordern, sind:

Fernsperrung und Fernprüfung mit besonderem Fernbesetztzeichen, Aufschalten nur auf Ortsverbindungen mit Trennung derselben, dazu noch Schlußzeichen zum Fernamt und Nachrufen vom Fernamt.

Die umfangreichen Bedingungen mit großem Aufwand an Schaltmitteln wurden in der ersten Zeit der Wählertechnik, als noch keine Betriebserfahrungen vorlagen, gefordert. Im Laufe der Zeit haben sich auf Grund der gesammelten Erfahrungen die einfacheren Bedingungen sogar ohne Trennung von Ortsverbindungen als zweckmäßiger als die umfassenden Bedingungen für Verwaltung und Teilnehmer ergeben. Die Trennung von Ortsverbindungen war stets eine unerfreuliche Handlung gewesen, die viel Mißstimmung verursacht hat. Diese Mißstimmung würde erheblich zunehmen, weil künftig mehr als 80% des Fernverkehrs ortsamtsmäßig als Selbstwählfernverkehr hergestellt werden würde, der dann der Trennung unterliegt. Viel zweckmäßiger ist es, den Teilnehmern die Fernverbindung in allen Fällen nur anzubieten, die dann ihr bestehendes Gespräch schnell beenden und die neue Verbindung entgegennehmen. Da Aufschalten auf alle Verbindungen und Benachrichtigung ohne Trennung zweckmäßig ist, so ist ein Fernbesetztzeichen, eine Fernsperrung und Fernprüfung nicht mehr erforderlich. Es ergeben sich daher auf Grund der Erfahrungen zwanglos die einfach zu erfüllenden Bedingungen.

Auf den Einfluß der Unterteilung ist die Größe des Orts- und Fernverkehrs in den verschieden großen Ortsnetzen von Bedeutung. In sehr kleinen Ortsnetzen ist der Fernverkehr größer als der Ortsverkehr, in sehr großen Ortsnetzen beträgt der Fernverkehr nur etwa $1/10$ bis $1/20$ des Ortsverkehrs. Den Untersuchungen über den Einfluß des Verkehrs ist die Verkehrsverteilung in verschieden großen Ortsnetzen Deutschlands zugrunde gelegt worden, wie sie in „Studien über Aufgaben der Fernsprechtechnik", 3. Teil, Wählerzahlberechnung, Verlag Oldenbourg, 1943, Abb. 20 angegeben ist. Daraus ist der Verkehr berechnet, die Wählerzahl ermittelt und damit der Mehrbedarf an GW und LW bei getrennten OLW und FLW für verschieden große Ortsnetze abgeleitet und in Abb. 37 eingetragen worden, wobei angenommen wurde, daß der gesamte

Fernverkehr von Beamtinnen vermittelt wird. Auf der Waagerechten sind die verschieden großen Ortsnetze, auf der Senkrechten ist der Mehrbedarf an GW und LW in Vomhundertsätzen, bezogen auf die Wählerzahl, aufgetragen. Es ergibt sich ein Mehrbedarf in der Zahl der LW von etwa 15 bis 38%, abhängig von der Größe der Ortsnetze, bezogen auf die LW, während sich der Mehrbedarf in der Zahl der GW mit etwa 6,5 bis 12% je Stufe, bezogen auf die GW, ebenfalls abhängig von der Größe der Ortsnetze, ergibt. In Ortsnetzen unter etwa 12 km

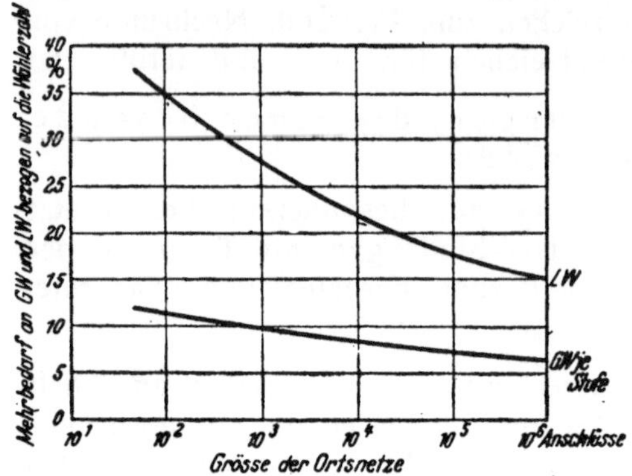

Abb. 37. Mehrbedarf an GW und LW bei getrennten OLW und FLW, bezogen auf die Wählerzahl.

Radius, bei dem die Ortsämter bis zu 7 km Entfernung vom Ortsnetzmittelpunkt liegen können, entspricht der etwa 6,5 bis 12% betragende Mehrbedarf an GW auch dem Mehrbedarf an Leitungen.

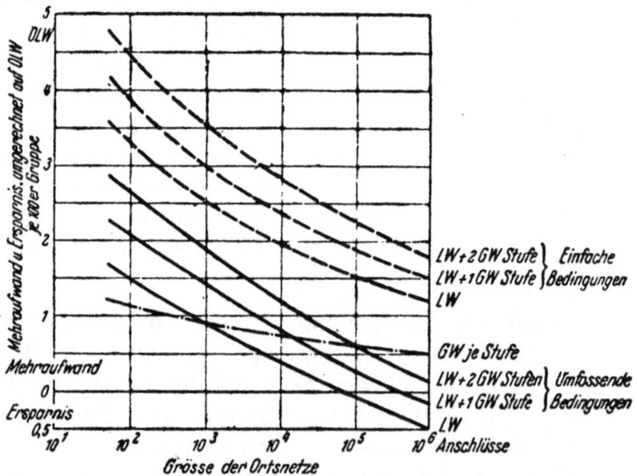

Abb. 38. Mehraufwand und Ersparnis bei getrennten OLW und FLW, umgerechnet auf OLW je 100er Gruppe.

Der Mehrbedarf an LW, GW und Leitungen ist recht beachtlich und nimmt mit abnehmender Größe der Ortsnetze erheblich zu.

Um nun den wertmäßigen Aufwand oder die Ersparnisse bei getrennten gegenüber gemeinsamen Wählern unter Berücksichtigung der verschiedenen Arten von Bedingungen und auch der GW-Stufen zu ermitteln, wird angenommen, daß ein OFLW mit den umfassenden Bedingungen etwa -20%, mit den einfachen Bedingungen etwa 3% Mehraufwand als ein OLW oder FLW erfordert. OLW und FLW sind als gleichwertig angenommen. Weiter wird angenommen, daß ein GW einen Minderaufwand gegenüber einem OLW oder FLW von etwa 33% aufweist. Unter Berücksichtigung dieser Werte ergeben sich Mehraufwendungen und Ersparnisse für getrennte Wähler, wie sie aus Abb. 38 für verschieden große Ortsnetze zu ersehen sind. Auf der Waagerechten ist wieder die verschiedene Größe der Ortsnetze, auf der Senkrechten ist der Mehraufwand und die Ersparnis, umgerechnet in OLW je 100er-Gruppe aufgetragen. Zunächst geben drei ausgezogene Kurven den Mehraufwand und die Ersparnis bei umfassenden Bedingungen für LW, für LW und eine GW-Stufe und für LW und zwei GW-Stufen je 100er-Gruppe an. Weiter geben drei gestrichelte Kurven den Mehraufwand bei einfachen Bedingungen für LW, für LW und eine GW-Stufe und für LW und zwei GW-Stufen an. Außerdem ist der Mehraufwand je GW-Stufe, umgerechnet in OLW je 100er-Gruppe, besonders strichpunktiert eingetragen.

Es ergibt sich, daß eine Ersparnis bei umfassenden Bedingungen nur in sehr großen Ortsnetzen auftritt, daß diese Ersparnis aber schon bei Berücksichtigung von zwei GW-Stufen sich in einen Mehraufwand verwandelt. Der Mehraufwand nimmt erheblich bei kleineren Ortsnetzen zu. Bei einfachen Bedingungen tritt in allen Ortsnetzen von vornherein ein erheblicher Mehraufwand ein. Es ergibt sich ein Mehraufwand je 100er-Gruppe bei umfassenden Bedingungen in kleinen Ortsnetzen bis nahezu 3 OLW, bei einfachen Bedingungen ein solcher bis nahezu 5 OLW.

Nach diesen Untersuchungen empfehlen sich gemeinsame OFLW ganz besonders bei einfachen Bedingungen des Fernverkehrs. Aber auch für umfassende Bedingungen bedeuten OFLW unter Berücksichtigung von zwei GW-Stufen die günstigste Lösung. In Netzen mit kleinerer Ausdehnung würde sonst noch ein beträchtlicher Mehraufwand für die zusätzlichen Leitungen hinzukommen. Die einfachen Bedingungen des Fernverkehrs ohne Trennung von Ortsverbindungen sollten künftig besonders bevorzugt werden, nicht allein nur weil sie am wirtschaftlichsten sind, sondern auch weil sie technisch und betrieblich den besten Fernverkehr für Verwaltung und Teilnehmern ohne jede Mißstimmung ergeben und keine Hemmung der zukünftigen Entwicklung bei der Einführung von Gemeinschaftsumschaltern und Wählsternschaltern bedeuten.

23. Motorwähler im Fernverkehr.

Durch die Anpassungsfähigkeit des Motorwählers an verschieden großen Aufbau und durch das geräuschfreie Arbeiten desselben können alle Forderungen des Fernverkehrs erfüllt werden, und es wird dadurch ein einheitliches Wählersystem im Orts- und Fernverkehr möglich. Während innerhalb der Netzgruppen noch Zweidrahtverkehr mit Fernwahl durch Wechselstrom 50 Hertz oder mit Induktiv-Stromstößen verwendet wird, wofür Wähler mit drei Kontaktarmen, zwei für die Sprechleitungen und einer für die Prüf-leitung innerhalb des Amtes, wie im Ortsverkehr, ausreichen, wird im großen Fernnetz für den Weitfernverkehr Vierdrahtverkehr mit Tonfrequenzfernwahl 600 und 750 Hertz künftig allgemein ver-wendet werden. Es besteht das Bestreben, im großen Fernnetz überall Vierdrahtleitungen bis zum EF mit Vierdrahtdurchschaltung in allen Wählerfernämtern zu verwenden, so daß keine Minderung der Pfeifsicherheit in den Schaltstellen vorkommen kann. Als Durchgangsdämpfung der Fernleitungen wird 0 Neper zugrunde gelegt, wodurch keine Dämpfungserhöhung beim Zusammen- und Hintereinanderschalten mehrerer Fernleitungen entsteht. Die für den Aufbau derartiger Wähler erforderlichen sechs bis sieben Kontaktarme, vier für die Sprechleitungen und zwei bis drei für die Prüf- und Zeichenleitungen innerhalb des Amtes, läßt der Motor-wähler ohne weiteres zu, so daß dadurch ein einheitliches System für Orts- und Fernverkehr ermöglicht wird.

Alle Wählerfernämter[1] WF, DF, VF und EF im zukünftigen großen Fernnetz führen nur Durchgangsverkehr und bestehen nur aus einer einzigen Wählerstufe, die in allen Wählerfernämtern, bis auf eine Richtung in den EF, vollkommen gleichartig ist. In den Wählerfernämtern führen die ankommenden Fernleitungen zu Über-tragungen mit Tonfrequenzsatz und von dort zu je einem eigenen Wähler. Die ankommenden tonfrequenten Stromzeichen werden in der Übertragung in Gleichstromzeichen umgeformt und stellen zunächst den eigenen Wähler auf die entsprechende Richtung ein, worauf dieser in der gewählten Richtung eine freie abgehende Fern-leitung aussucht und die Sprech- und Zeichenleitungen durch-schaltet. Auch die abgehenden Fernleitungen besitzen Übertragun-gen mit Tonfrequenzsatz, die die weiteren, jetzt über den Wähler mit Gleichstrom gegebenen Stromzeichen wieder in tonfrequente Zei-chen umformen und über die Fernleitung weitergeben. Die Strom-

---

[1] Langer: „Studien über Aufgaben der Fernsprechtechnik", 2. Teil, 3. Auflage, Verlag Oldenbourg, München, 1944.

stoß- und Zeichengabe innerhalb der Wählerfernämter erfolgt daher stets mit Gleichstrom, während sie über die Fernleitungen mit tonfrequenten Strömen erfolgt.

In Abb. 39 ist ein Motorwähler als Ferngruppenwähler mit Vierdrahtdurchschaltung in einem Wählerfernamt grundsätzlich dargestellt. Die Fernleitung ankommend hat eine Übertragung mit Tonfrequenzsatz für zwei Frequenzen 600 und 750 Hertz entsprechend den Empfehlungen des CCIF, die die ankommenden Stromzeichen in Gleichstromzeichen umformt. Die erste einlaufende

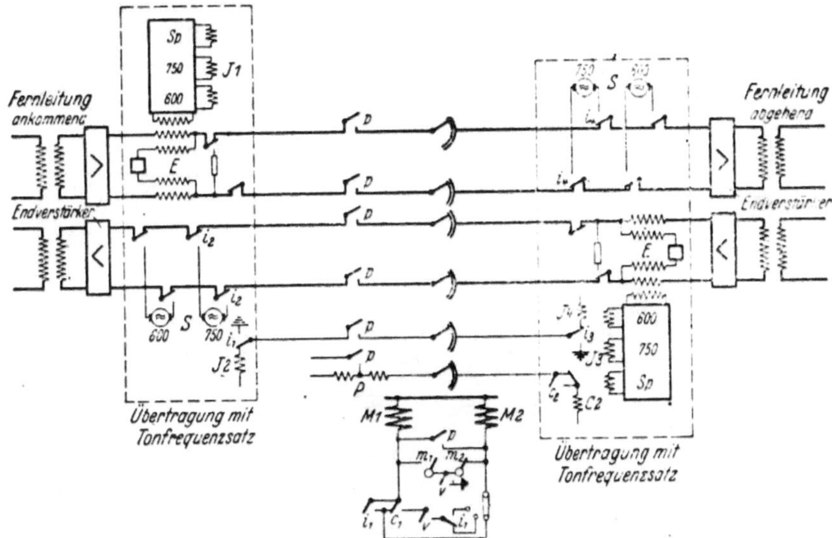

Abb. 39. FGW in den Wählerfernämtern mit Vierdraht-Durchschaltung und Tonfrequenzfernwahl.

Stromstoßreihe stellt nach der Umformung den Motorwähler in gewöhnlicher Weise ein, der dann eine freie Fernleitung der gewählten Richtung aussucht und die Sprech- und Zeichenleitungen durchschaltet. Die weiteren Stromstoßreihen werden nach der Umformung in Gleichstrom über den Wähler auf die Übertragung der belegten Fernleitung übertragen, wo sie wieder in Tonfrequenzzeichen umgeformt und über die Fernleitung weiter übertragen werden.

Der Tonfrequenzsatz, bestehend aus dem Sender S und dem Empfänger E, hat drei Frequenzrelais, je ein Relais für die Zeichenfrequenzen 600 und 750 Hertz und ein Sprachrelais, das auf alle Frequenzen anspricht und das besonders zur Überwachung der Echosperren dient. Die Stromzeichen werden nur dann übertragen, wenn keine anderen Frequenzen in den ankommenden Zeichen

enthalten sind. In Abb. 39 ist nur die Nummernübertragung mit
der Frequenz 750 Hertz dargestellt. Die Steuerzeichenübertragung ist
der Übersichtlichkeit wegen nicht angegeben, sie ist aber gleichartig. Während der Zeichenübertragung wird die Fernleitung auf-
getrennt und in jeder Richtung mit 600 Ohm abgeschlossen.

In den EF ist die aus dem großen Fernnetz ankommende Richtung mit ihrem Ferngruppenwähler in gleicher Weise aufgebaut,
wie in den anderen Wählerfernämtern entsprechend Abb. 40. Die
Wähler prüfen aber nicht mehr auf Vierdraht-, sondern auf die

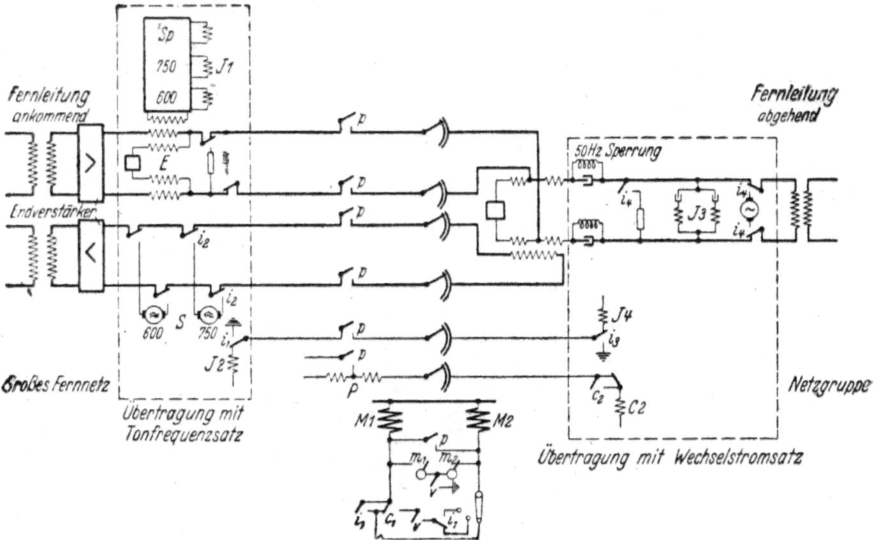

Abb. 40. FGW im Endfernamt mit Vierdraht-Durchschaltung. Richtung vom großen Fernnetz
mit Tonfrequenzfernwahl zum kleinen Fernnetz mit Wechselstromfernwahl.

Zweidrahtleitungen in den Netzgruppen. Die Gabel ist den Zweidrahtleitungen fest zugeordnet, so daß die Nachbildung gut angepaßt werden kann, wodurch die größtmögliche Sicherheit erreicht wird. Die Stromstoß- und Zeichengabe erfolgt auf den Zweidrahtleitungen mit Wechselstrom 50 Hertz oder mit Induktivströmen. Die der Leitung zugeordnete Übertragung enthält deshalb
einen Wechselstromsatz. Abb. 40 läßt die Umformung der Stromzeichen von Tonfrequenz der Vierdrahtleitung auf Gleichstrom im
Wähleramt und dann auf Wechselstrom der Zweidrahtleitung und
in umgekehrter Richtung erkennen.

Die aus der Netzgruppe ankommende Richtung ist dagegen etwas
anders aufgebaut, wie aus Abb. 41 zu erkennen ist. Der Wähler ist
auch dafür mit Vierdraht-Durchschaltung ausgerüstet, damit bei
Verbindungen ins große Fernnetz die Gabel mit der Nachbildung

der Zweidrahtleitung fest zugeordnet ist. Bei Verbindungen in die eigene Netzgruppe wird die Gabel aus- und der Wähler zur Zweidraht-Durchschaltung durch ein S-Relais umgeschaltet. Die Umformung der Stromzeichen in den den Fernleitungen zugeordneten Übertragungen erfolgt entweder von Wechselstrom in Gleichstrom und dann in Wechselstrom zur eigenen Netzgruppe oder von Wechselstrom in Gleichstrom und dann in Tonfrequenz ins große Fernnetz.

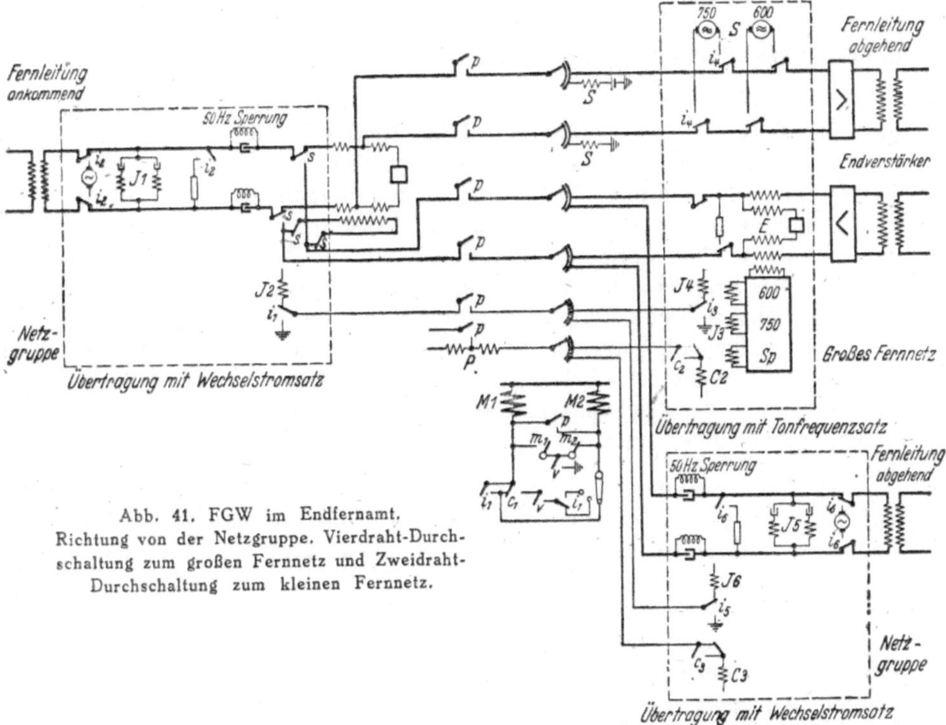

Abb. 41. FGW im Endfernamt.
Richtung von der Netzgruppe. Vierdraht-Durchschaltung zum großen Fernnetz und Zweidraht-Durchschaltung zum kleinen Fernnetz.

Die den Fernleitungen zugeordneten Übertragungen sind recht mannigfaltig. Sie sind zunächst sowohl der Fernleitung mit der betreffenden Stromstoß- und Zeichengabe als auch dem Wählersystem des Wähleramtes anzupassen; sie müssen weiter die Richtung des Fernverkehrs, die Verwendung von Endverstärkern und unter Umständen auch von Umsteuerwählern und von Weichen berücksichtigen. Sie bestehen im wesentlichen aus dem der Fernleitung angepaßten Fernwahleinrichtungen und aus einer Gruppe gewöhnlicher Relais, die die Stromzeichen entsprechend umwerten und weiterleiten.

Die vieradrige Durchschaltung der Fernleitungen in allen Wählerfernämtern und die Zuordnung der Gabel mit der Nachbildung
zur Zweidrahtleitung ergibt die größtmögliche Sicherheit in der
Technik der Sprachübertragung.

Der Motorwähler stellt sich im Fernverkehr über die längsten
Fernleitungen und über trägerfrequenten Verbindungen, die wie
Vierdrahtleitungen behandelt werden, auch mit mehreren Kontaktarmen ebenso schnell und sicher wie im Ortsverkehr ein. Irgend
welche Hilfsmittel, wie Register mit ihren unvermeidbaren Verzögerungen, sind zu seiner Einstellung nicht erforderlich. Die
unmittelbare Einstellung ergibt die beste Lösung.

Wollte man im großen Fernnetz Register verwenden, so müßten
gewisse Bedingungen erfüllt werden. Registersysteme erfordern
zur Abschaltung der Register nach beendeter Nummernwahl entweder eine gleichstellige Kenn- und Teilnehmerzahl der zu wählen-
den Nummer, oder einen besonderen Rückstromstoß, wenn der
letzte Wähler eingestellt ist. Bei gleichstelligen Nummern schaltet
sich das Register in allen Fällen nach der Aussendung der letzten
Zahl ab. Bei ungleichstelligen Nummern ist die letzte Zahl nicht
zu ersehen; deshalb muß der Rückstromstoß nach beendetem Verbindungsaufbau die Abschaltung veranlassen. Beides ist im eigenen
Lande kaum, im zwischenstaatlichen Verkehr praktisch nicht zu erfüllen, wie nachgewiesen werden soll.

Der Fernverbindungsaufbau erfolgt von den Netzgruppen aus
aufwärts über das eigene EF mit der Anschaltung des handbedienten Fernamtes, dann über ein VF, DF und WF und dann
abwärts wieder über ein DF, VF und EF in die Netzgruppe und
dem verlangten Teilnehmer. Der Aufstieg zu den höheren Fernämtern erfolgt aber nur soweit, bis der verlangte Teilnehmer darüber erreicht werden kann. Kann er über das VF oder das DF schon
erreicht werden, so erfolgt der Aufstieg nur bis zu diesem Fernamt,
wie Abb. 42 erkennen läßt, in der auch die Anschaltung des handbedienten Fernamtes angegeben ist. Bei der Anmeldung des Ferngespräches kommt der Teilnehmer nach Wahl der Fernamts-Kenn-
zahl zum handbedienten Fernamt, das entweder sofort oder nach
einer Wartezeit die Fernverbindung durch Fernwahl über das große
Fernnetz herstellt. Alle die Fernämter, bis auf das handbediente,
sind nur Wählerfernämter, führen nur Durchgangsverkehr und
bestehen nur für den Aufstieg und Abstieg aus einer Wählerstufe, erfordern daher für den Fernverbindungsaufbau nur eine
Stelle in der Kennzahl. Daraus ist sofort ersichtlich, daß die zu
wählende Kennzahl im Weitfernverkehr von vornherein ganz verschieden ist. Wollte man sie gleichstellig machen, indem man stets

die größte Kennzahl wählt und Nummernschlucker zur Unterdrückung der überflüssigen Zahlen verwendet, so würde dadurch eine vollkommen überflüssige Belastung des Betriebes und der Technik entstehen, wobei auch die weitere Entwicklung keine Berücksichtigung finden würde.

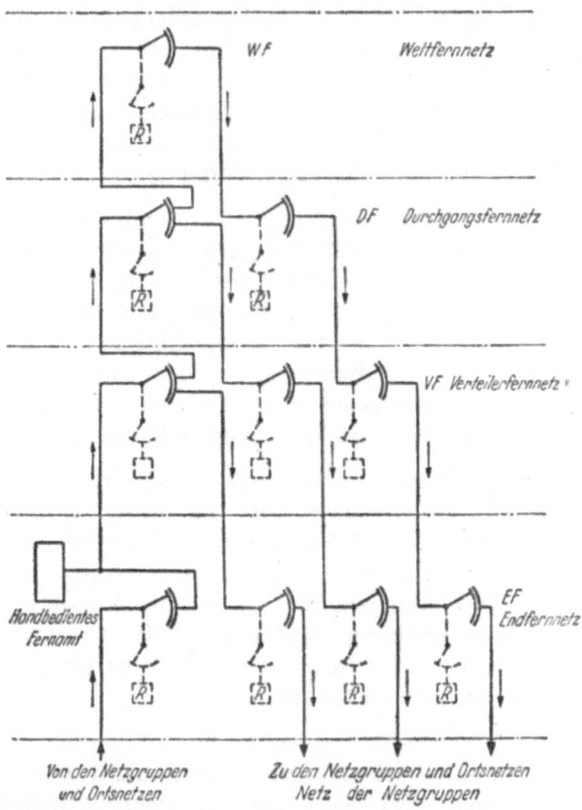

Abb. 42. Aufbau der Fernverbindungen im Fernsprech-Weitverkehr.

Aber auch die Teilnehmernummern in den Netzgruppen und Ortsnetzen zeigen die Tendenz, sich unterschiedlich zu entwickeln. Bei Erweiterungen um eine Stellenzahl z. B. empfiehlt es sich, aus wirtschaftlichen Gründen diese nur in den Richtungen durchzuführen, wo sie erforderlich sind, was zu einer unterschiedlichen Stellenzahl führt. Wenn Durchwahl durch die LW zu Nebenstellen oder zu Gemeinschaftsanschlüssen eingeführt werden soll, oder es sollen gewisse Unterämter verwendet werden, in allen diesen Fällen entstehen unterschiedliche Stellenzahlen. Man wird daher künftig mit verschiedenstelligen Teilnehmernummern in den Ortsnetzen und Netzgruppen und verschiedenstelligen Kennzahlen im Weitfernverkehr

zu rechnen haben. Um eine unbehinderte Entwicklung zu ermög-
möglichen, sollten überall unbegrenzte Stellenzahlen möglich sein.

Wollte man nun zur Abschaltung der Register einen Rückstromstoß von den letzten eingestellten Wählern verwenden, so
müßte dieser Stromstoß von allen Wählern in den Ortsämtern,
Unterämtern und künftig auch von Nebenstellenanlagen mit Durchwahl von Gemeinschaftsumschaltern im ganzen Lande und
im zwischenstaatlichen Verkehr von den fremden Wählern über
alle benutzten Fernleitungen bis zum Register gegeben werden,
was sich wahrscheinlich wegen der erforderlichen Anpassungen
und Verwicklungen nicht durchführen lassen wird.

Die Lösung, den Fernverbindungsaufbau mit nur einem Register oder auch Hilfsregister für den gesamten Verbindungsaufbau
über das große Fernnetz durchführen zu wollen, wird sich daher
nicht verwirklichen lassen, zumal auch über die Fernleitungen nach
den Empfehlungen des CCIF nur gewöhnliche Nummernstromstöße, keine umgerechneten, übertragen werden sollen. Diese Emp-
fehlung gilt zwar nur für zwischenstaatliche Fernleitungen; die Verwaltungen richten sich aber auch im eigenen Lande danach.

Es wäre aber denkbar, Register je Wählerfernamt zu verwenden. Da jedes Wählerfernamt nur aus einer Wählerstufe in
jeder Richtung besteht, so sind Register je Wählerstufe vorzusehen,
die sich nach der Einstellung des Wählers sofort abschalten.
Abb. 42 läßt den Verbindungsaufbau auch mit Registern über die
verschiedenen Wählerfernämter erkennen, woraus sofort ersehen
werden kann, daß eine ganze Reihe von Registern bei dem Aufbau
einer Fernverbindung benötigt wird.

Ein derartiger Fernverbindungsaufbau mit Hilfe von Registern
in jedem Wählerfernamt würde den Aufbau nicht nur sehr ver-
zögern, sondern auch verwickelt und unsicher gestalten. Auch
wenn entsprechend den CCIF-Empfehlungen vorangeschaltete Register verwendet werden, wird die Verzögerung bei den vielen in
einer Verbindung zum Aufbau erforderlichen Register beträchtlich
sein, wie ein Überblick zeigte.

Die Voranschaltung der Register allein genügt aber noch nicht,
um alle Aufgaben mit Register in dieser Weise zu lösen. Nach der
Einstellung der Register bei der Nummernwahl wird erst der
Wähler eingestellt und muß eine freie Fernleitung der gewählten
Richtung aussuchen. Angenommen, der Wähler erfüllt diese Auf-
gabe in 2 s, dann darf die nächste Stromstoßreihe erst nach
dieser Zeit ausgesandt werden. Während bei unmittelbar gesteuerten
Wählern die Stromstoßreihen mit etwa 0,5 s Abstand einander

folgen, muß bei Registern die Zwischenzeit mindestens 2 s betragen. Es tritt daher eine Verzögerung von 1,5 s je gewählter Zahl auf, was bei zwölf Zahlen, wie sie im Fernverkehr zu erwarten sind, 18 s beträgt, was eine beträchtliche Herabsetzung der Leistung der wertvollen Fernleitungen bedeutet. Die Beamtin muß langsamer wählen, was durch Zahlengeber mit großem Leerlauf oder durch besondere Stromstoßwiederholer erreicht werden kann.

Demgegenüber ist der Fernverbindungsaufbau mit Motorwählern ohne Register äußerst einfach, erfordert keine zusätzlichen Schaltmittel bei der Beamtin und verursacht nicht die geringste Verzögerung. Die Wähler werden über die Fernleitungen ebenso schnell eingestellt wie im Ortsverkehr. Wie einfach der Verbindungsaufbau dann ist, kann auch aus Abb. 42 ersehen werden, wenn man sich die Register mit den Anschaltewählern, die gestrichelt eingetragen sind, fortdenkt. Unmittelbar gesteuerte Motorwähler sind die geeignetsten Schaltmittel für den Weitfernverkehr. Das Wählersystem ist sehr einfach und besteht nur aus einer einzigen Art von Wählern in allen Wählerfernämtern.

Es sollte daher vom handbedienten Fernamt in allen Fällen, auch wenn Maschinenwähler mit Registern in den Netzgruppen oder Ortsnetzen vorhanden sind, ohne Register und ohne Begrenzung der Stellenzahl mit gewöhnlicher Nummernwahl und dem entsprechenden Stromstößen in das Weitfernnetz gearbeitet werden. Die Wähler in allen Durchgangsämtern sind dann zweckmäßig unmittelbar einzustellen. Trifft beim Aufbau die Verbindung dann auf eine Netzgruppe oder ein Ortsnetz, wo mit Register gearbeitet wird, dann sollten entsprechend den Empfehlungen des CCIF eigene oder vorangeschaltete Register an den Fernleitungen angeschaltet sein, um eine zügige Wahl zu ermöglichen. Die dann noch auftretenden Verzögerungen durch die örtlichen Register sind unvermeidbar, aber weniger einflußreich.

Es wäre noch denkbar, bei Verwendung von Registern für den gesamten Verbindungsaufbau im Weitfernverkehr diese durch das erste Hörzeichen, Ruf- oder Besetztzeichen oder durch die Sprache beim Melden einer Beamtin abzuschalten. Dazu sind aber Tonfrequenz-Empfangseinrichtungen mit Verstärkern an den Registern erforderlich, das sind Schaltmittel, die bisher dort nicht verwendet wurden. Bei dieser Art der Registerabschaltung, die jetzt von den Hörzeichen fremder Ortsnetze abhängig wird, dürfen aber die Hörzeichen und unter Umständen auch die Sprache nicht verstümmelt werden.

Auch dieser bisher nicht bekannten Art gegenüber sind die unmittelbar gesteuerten Motorwähler viel einfacher und wirtschaftlicher, vermeiden jede Verzögerung beim Verbindungsaufbau bei bester Ausnutzung des Fernleitungsnetzes und lassen von vornherein ohne Aufwendung besonderer Schaltmittel eine unbegrenzte Stellenzahl zu. Motorwähler ermöglichen weiter einen gleichartigen Aufbau der Wählersysteme und der Verbindungen im Orts- und Fernverkehr mit Zwei- und Vierdraht-Durchschaltung mit der größtmöglichen Sicherheit auch über die größten Entfernungen, ohne daß Kontaktgeräusche in den verstärkten Verbindungen des großen Fernnetzes infolge der vollkommen elastischen Arbeitsweise der Wähler zu erwarten sind.

24. Fernleitungs-Übertragungen.

Fernleitungs-Übertragungen sind an jedem Ende der Fernleitungen in den Wählerfernämtern angeordnet und ermöglichen den Fernwahlbetrieb und die Zeichengabe über die verschiedenartigen Fernleitungen mit den unter Umständen verschiedenen Einrichtungen und Aufgaben der Wählerfernämter, insbesondere die Steuerung der den Fernleitungen zugeordneten Wähler. Sie müssen die verschiedensten Aufgaben erfüllen und müssen sowohl der Fernleitung als auch dem Wählersystem des Wählerfernamtes mit seinen verschiedenen Betriebsarten angepaßt sein. Die vielseitige Anpassung der Übertragungen muß sich über folgende hauptsächlichste. Bedingungen erstrecken:

1. Art der Fernleitung mit der Fernwahl und Zeichengabe.
2. Art des Wählersystems des Wählerfernamtes.
3. Art der Verkehrsrichtung, ankommender, abgehender oder doppeltgerichteter Verkehr.
4. Art der Durchschaltung zu Zweidraht- oder Vierdrahtleitungen.
5. Verwendung von Endverstärkern.
6. Verwendung von Umsteuerwählern oder Mischwählern.
7. Verwendung von Weichen.

Da diese Hauptbedingungen sich zum Teil noch in mehrere Untergruppen unterteilen, so sind daher die Übertragungen äußerst mannigfaltig. In den Übertragungen erfolgt stets eine Umformung der Stromzeichen von der Stromart der Fernleitungen auf Gleichstrom des Wählerfernamtes und umgekehrt; nie unmittelbar auf eine andere Stromart von Fernleitungen. Die Wähler der Wählerfernämter werden stets mit Gleichstrom gesteuert und die weiteren Stromzeichen von der Fernleitung mit ankommendem Verkehr über den Wähler zur Fernleitung mit abgehendem Verkehr werden stets von der ersten Übertragung über den Wähler zur zweiten Übertragung mit Gleichstrom gegeben. Die Übertragungen bestehen daher grundsätzlich aus dem Fernwahlsystem der betreffenden Fernleitung mit Sender und Empfänger und aus einer Gruppe von Relais, die die ankommenden Stromzeichen entsprechend umwerten und als Gleichstromzeichen weiterleiten und die noch die anderweitigen Bedingungen erfüllen.

Im großen Fernnetz zwischen den verschiedenen Wählerfernämtern bis zu den Endfernämtern EF in den Netzgruppen werden künftig nur noch Vierdrahtleitungen verwendet, bei denen die Fernwahl und Zeichengabe mit Tonfrequenz 600 und 750 Hertz, entsprechend den Empfehlungen des CCIF erfolgt und die in den Wählerfernämtern von den Wählern grundsätzlich vierdrähtig durchgeschaltet werden. In den Netzgruppen werden noch Zweidrahtleitungen verwendet, bei denen die Fernwahl und Zeichengabe mit Wechselstrom 50 Hertz oder mit Induktivströmen erfolgt und die in den EF zu Vierdrahtleitungen von den Wählern vierdrähtig durchgeschaltet werden, so daß die Gabel mit der Nachbildung der Zweidrahtleitung fest zugeordnet sein kann. Beim Verkehr von Zweidraht- zu Zweidrahtleitung innerhalb der Netzgruppen, wenn der Verkehr über das EF verläuft, wird der Wähler im EF von Vierdraht-Durchschaltung auf Zweidraht-Durchschaltung umgeschaltet, was in der Übertragung erfolgt. Verläuft der Verkehr nicht über das EF, dann sind nur Wähler mit Zweidraht-Durchschaltung vorhanden, bei denen Umschaltungen nicht erforderlich sind.

Die Übertragung muß weiter der Verkehrsrichtung angepaßt sein und muß bei doppelt gerichtetem Verkehr die Übertragung beider Verkehrsrichtungen zulassen und entsprechend der jeweils benutzten Verkehrsrichtung eine Umschaltung in der eigenen Relaisgruppe durchführen.

Werden Endverstärker verwendet, dann liegt die Übertragung bei Vierdrahtleitungen mit Tonfrequenzwahl hinter dem Endverstärker. Bei Zweidrahtleitungen mit Wechselstrom- oder Induktivwahl innerhalb der Netzgruppen werden Endverstärker im allgemeinen nicht verwendet; in besonderen Fällen wird der Endverstärker durch die Übertragung umgangen, er liegt daher gewissermaßen innerhalb der Übertragung.

Bei Verwendung von Weichen wird in ankommender Richtung in der Übertragung ein zuerst ankommender charakteristischer Stromstoß zur Auswahl der Richtungen ausgewertet und der Mischwähler der betreffenden Richtung durchgeschaltet.

Nach der Einstellung des eigenen Wählers werden die weiteren Stromzeichen mit Gleichstrom auf die Übertragung der ausgewählten Fernleitung gegeben, wo sie wieder auf die Stromart dieser Fernleitung umgeformt und weiter übertragen werden.

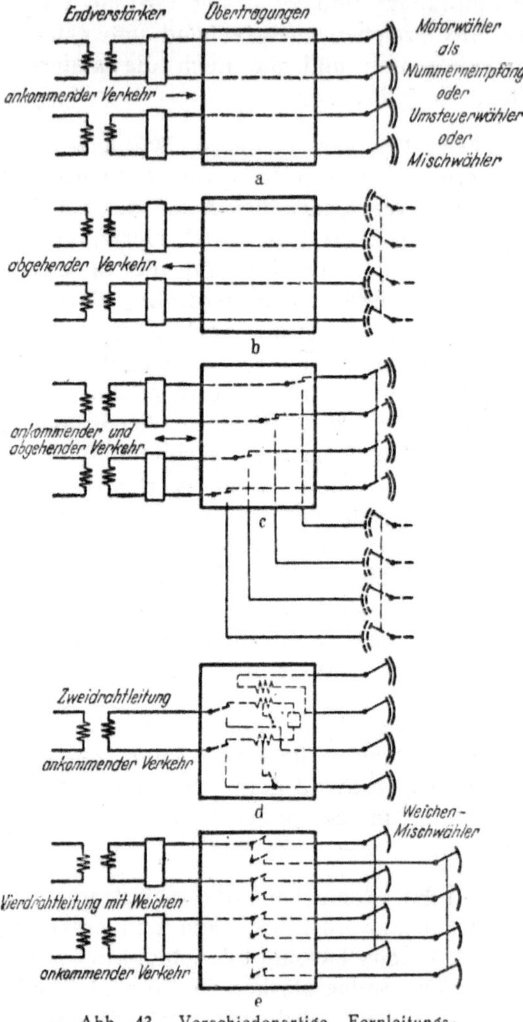

Abb. 43. Verschiedenartige Fernleitungs-Übertragungen in den Wählerfernämtern.

Abb. 43 zeigt von a bis e einige charakteristische Übertragungen des großen Fernnetzes grundsätzlich dargestellt. a bis c sind Übertragungen für einfach- und doppeltgerichtetem Verkehr, d bis e Übertragungen für Zweidrahtleitungen und Vierdrahtleitungen mit Weichen. Auch diese können wie a bis c für einfach- und doppeltgerichteten Verkehr erweitert werden. In a, c und d lassen sich sowohl Nummernempfänger als auch Umsteuerwähler und Mischwähler bei entsprechender Anpassung verwenden.

Die Übertragungen der kurzen Fernleitungen mit Wechselstrom- oder Induktivwahl in den Netzgruppenämtern entsprechen der Abbildung, nur sind an Stelle der Vierdrahtleitungen mit Endverstärker Zweidrahtleitungen mit Zweidraht-Durchschaltung ohne Endverstärker zu setzen.

Aus der Abbildung in Verbindung mit den angegebenen Bedingungen und den erwähnten weiteren Untergruppen derselben kann die große Mannigfaltigkeit der Übertragungen leicht ersehen werden.

Als Nummernempfänger, Umsteuerwähler, Mischwähler und Wähler für Weichen eignen sich besonders, wie schon früher nachgewiesen, Motorwähler, infolge ihrer leichten Anpassungsfähigkeit an vieradrige Durchschaltung, des einfachen, verständlichen und übersichtlichen Aufbaues und des besonders schnellen, sicheren und erschütterungsfreien Arbeitens.

25. Der Einfluß des Frittstromes auf den Kontaktwiderstand.

Der Widerstand der Wählerschleifkontakte hat eine große Bedeutung, weil mit zunehmendem Widerstand die Neigung zu Kontaktgeräuschen, abhängig vom Frittstrom, von der relativen Feuchtigkeit und von den auftretenden Erschütterungen zunimmt. Kontaktgeräusche, ihre Ursache, Größe und Beseitigung sind schon eingehend behandelt worden in: „Geräusche in den Verbindungen selbsttätiger Fernsprechämter", TFT 37, Heft 4 und in „Geräusche der Schaltmittel in den Verbindungen der Fernsprechämter", TFT 41, Heft 2. Es soll noch der Einfluß des Frittstromes auf den Kontaktwiderstand und damit auf die Geräusche besonders bei Motorwählern, unter Berücksichtigung der relativen Feuchtigkeit, untersucht werden.

Mit Frittstrom kann jeder über einen Kontakt fließende Strom bezeichnet werden, der unter gewissen Bedingungen einen Einfluß auf den Kontaktwiderstand haben und ihn herabsetzen kann. Stromlose Kontakte zeigen die Neigung, plötzlich sehr hohe Widerstände anzunehmen, so daß eine Sprechverständigung darüber fast unmöglich wird, was man mit Schwund bezeichnet. Aus diesem Grunde werden in der Wählertechnik stromlose Kontakte in den Sprechkreisen vermieden und werden zur Vermeidung der Schwunderscheinungen gewisse kleine Frittströme von etwa 1 mA verwendet. Einige Wählerkontakte führen von vornherein schon einen natürlichen Frittstrom, den Mikrofonspeisestrom von etwa 25 bis 50 mA, andere Kontakte, die sonst keinen Strom führen würden, werden mit dem erwähnten kleinen Frittstrom von etwa 1 mA künstlich belastet. Frittströme zeigen nun wieder unter dem Einfluß von Erschütterungen, abhängig vom Kontaktwiderstand, Neigung zu Kontaktgeräuschen in den Sprechleitungen, was besonders zu beachten ist.

In den weitaus meisten Fällen der Praxis ist, abgesehen von den Schwunderscheinungen ohne Frittstrom, ein Einfluß des Frittstromes auf den Kontaktwiderstand nicht nachzuweisen. Nur bei verhältnismäßig hohen Widerständen und bei großem Frittstrom ist ein gewisser Einfluß vorhanden. Umfangreiche Messungen haben ergeben, daß ein Einfluß sich bemerkbar zu machen beginnt, wenn eine gewisse Spannung am Kontakt erreicht ist. Der Einfluß der Frittströme auf die gute Verständigung ist daher von erheblicher Bedeutung.

Übersteigt die Spannung am Kontakt diesen Grenzwert, dann sinkt der Widerstand um so mehr, je größer die Kontaktspannung wird. Die Spannung, bei der ein Absinken des Kontaktwiderstándes beginnt, ist nun nicht genau bestimmt, sondern schwankt nicht unbeträchtlich; sie ist für verschiedene Kontakte bei denselben Werkstoffen etwas verschieden. Bei den gebräuchlichen Kontaktwerkstoffen aus Messing und nichtrostendem Stahl liegt sie zwischen 10 und 100 mV. Sie hängt auch von der relativen Feuchtigkeit ab,

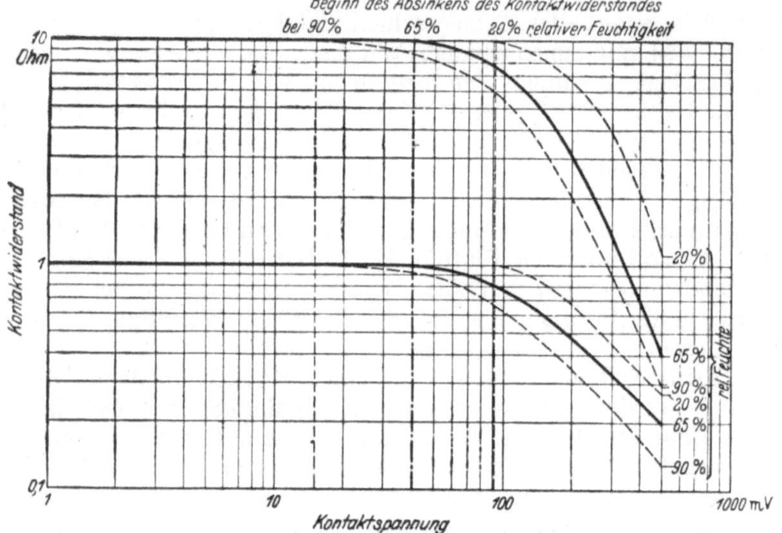

Abb. 44. Absinken des Kontaktwiderstandes mit zunehmender Kontaktspannung.

wie noch später gezeigt werden wird. Man wird im Mittel bei der gewöhnlich vorkommenden relativen Feuchtigkeit von 65% mit etwa 40 mV rechnen können. Auch Silberdruckkontakte zeigen dieselbe Eigentümlichkeit, wobei die Spannung beim Beginn des Widerstandabsinkens zwischen 10 und 30 mV liegt.

Die Messungen[1]) der Kontaktwiderstände bei den gebräuchlichen Werkstoffen aus Messing und nichtrostendem Stahl bei doppelseitiger Kontaktgabe haben zu Kurven geführt, wie sie in Abb. 44 als Mittelwerte aus vielen Messungen mit streuenden Ergebnissen angegeben sind. Es ist der Kontaktwiderstand abhängig von der Kontaktspannung für Kontakte mit 1 und 10 Ohm Widerstand aufgetragen. Man ersieht, daß im Mittel bis zu einer Spannung von 40 mV, bei einer relativen Feuchtigkeit von etwa 65%, ein Einfluß der Kontaktspannung auf den Kontaktwiderstand nicht vorhanden

---

[1]) Die Messungen wurden im Labor des Wernerwerks Fg ausgeführt.

ist, daß dann aber mit zunehmender Kontaktspannung der Widerstand des Kontaktes absinkt. Danach sinkt ein Kontaktwiderstand von 1 Ohm bei einer Kontaktspannung von 200 mV im Mittel auf etwa 0,5 Ohm herab, einer von 10 Ohm auf etwa 3 Ohm. Die Kurven für andere Kontaktwiderstände liegen entsprechend.

Da die Abhängigkeit des Kontaktwiderstandes von der Kontaktspannung infolge der veränderlichen Spannung und mit Rücksicht auf die verwendeten Frittströme schwierig zu übersehen ist, so sind die Werte auf Frittströme umgerechnet worden, die nahezu unabhängig vom Kontaktwiderstand sind.

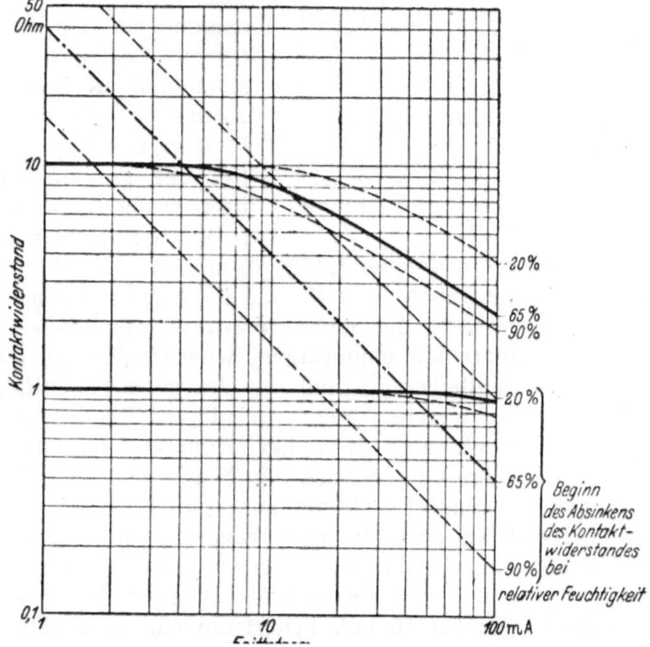

Abb. 45. Absinken des Kontaktwiderstandes mit zunehmendem Frittstrom.

In Abb. 45 ist der Kontaktwiderstand abhängig von den in der Praxis verwendeten Frittströmen, von 1 bis 50 mA aufgetragen. Es sind wieder zwei Kurven gezeichnet für die Kontaktwiderstände von 1 und 10 Ohm. Die Kurven für andere Widerstände liegen entsprechend. Linien sind noch eingetragen, die im Mittel etwa den Beginn des Einflusses des Frittstromes auf den Kontaktwiderstand bei etwa 20, 65 und 90% relativer Feuchtigkeit erkennen läßt. Bei 1 mA Frittstrom und 65% relativer Feuchtigkeit beginnt der Einfluß erst bei einem Kontaktwiderstand von etwa 40 Ohm, der unter den vorliegenden Bedingungen in der Praxis selten vorkommt. Bei 50 mA Frittstrom ist bei einem Kontaktwiderstand von 1 Ohm ein Einfluß praktisch nicht vorhanden; bei 10 Ohm sinkt derselbe aber auf etwa 3,5 Ohm herunter.

8*

Die große Schwankung der Spannung für den Beginn des Absinkens des Kontaktwiderstandes durch den Frittstrom hängt, wie schon erwähnt, auch von der relativen Feuchtigkeit ab. Aber auch dafür sind große Streuwerte vorhanden, so daß man nur mit mittleren Werten rechnen kann. Aus den Messungen ist in Abb. 46 eine mittlere Linie für den Beginn des Absinkens des Kontaktwiderstandes abhängig von der Kontaktspannung und der relativen Feuchtigkeit abgeleitet worden. Man ersieht, daß die Spannung zwischen 10 und 100 mV bei einer relativen Feuchtigkeit von 95 bis 13% liegt. Bei der gewöhnlich in den Betriebsräumen vorkommenden relativen Feuchtigkeit von 65% wird

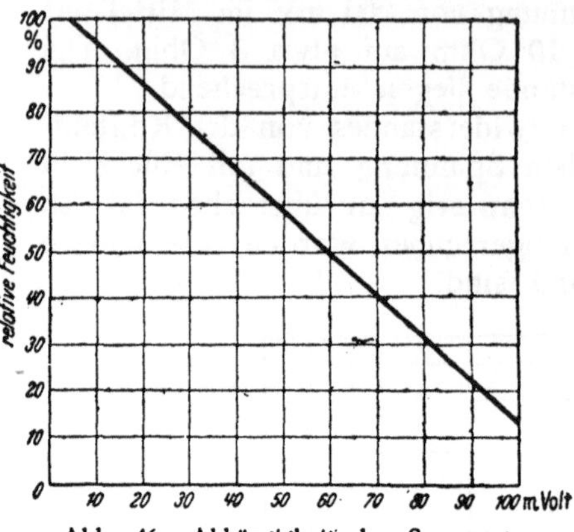

Abb. 46. Abhängigkeit der Spannung für den Beginn des Absinkens des Kontaktwiderstandes von der relativen Feuchtigkeit.

man demnach entsprechend Abb. 46 mit etwa 40 mV, rechnen können. In den Abbildungen 44 und 45 sind die Kurven für das Absinken der Kontaktwiderstände bei einer relativen Feuchtigkeit von 20 und 90% noch gestrichelt eingetragen, woraus sich ein guter Überblick über den beachtlichen Einfluß der relativen Feuchtigkeit ergibt.

Durch diese Wirkung eines verhältnismäßig starken Frittstromes wird aber nicht. nur ein hoher Kontaktwiderstand herabgesetzt, sondern es werden damit auch die Wählergeräusche in diesen Fällen beachtlich vermindert, wie es aus Abb. 47 ersehen werden kann.

Trägt man in dem aus den früheren Untersuchungen bekannte Bilde der Geräuschspannungen bei Hebdrehwähler und Motorwähler neben den Linien der Geräuschspannungen bei 1 mA Frittstrom noch die Linien für 50 mA Frittstrom ein, so erhält man die Darstellung in Abb. 47, wozu folgendes zu bemerken ist:

Die Geräuschspannungen bei 50 mA Frittstrom sind nach den früheren Untersuchungen bei demselben Kontaktwiderstand etwa neunmal größer als bei 1 mA Frittstrom. Sie sind gestrichelt eingetragen. Die Abschnitte dieser Linien für die verschiedenen Kontaktbehandlungen liegen bei denselben Kontaktwiderständen wie bei den Linien für 1 mA Frittstrom. Nur der oberste Abschnitt mit den größten Kontaktwiderständen verschiebt sich unter dem Einfluß des Frittstromes auf kleinere Werte, wie aus dem Bilde zu ersehen ist.

Es ergibt sich demnach, daß trotz allgemein größerer Geräuschspannungen bei stärkeren Frittströmen keine größeren Geräuschspannungen bei großen Kontaktwiderständen als bei 1 mA Frittstrom auftreten, weil die Widerstände durch den Frittstrom herabgesetzt werden. Bei den Hebdrehwählern sind die Geräuschspannungen unter diesen Bedingungen sogar noch etwas kleiner. Starker Frittstrom hat daher bei großen Kontaktwiderständen auch einen ganz erheblich vermindernden Einfluß auf die Wählergeräusche, die dadurch unter Umständen auf mehr als den zehnten Teil herabgesetzt werden.

Wichtig für einen kleinen Kontaktwiderstand ist mit Rücksicht auf die Wählergeräusche die doppelseitige Kontaktgabe, wobei der Kon-

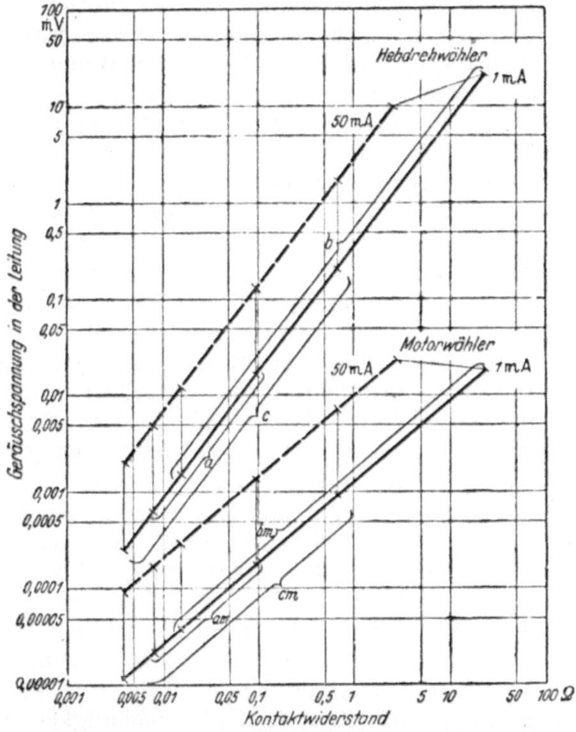

Abb. 47. Geräuschspannung bei Hebdrehwählern und Motorwählern bei verschiedener Kontaktbankpflege mit Frittstrom 1 mA und 50 mA.

Hebdrehwähler	Motorwähler
a) neu oder aufgerauht	am) neu oder aufgerauht
b) nach 3jährigem Betriebe ungepflegt	bm) nach dreijährigem Betriebe ungepfl.
c) nach 3jährigem Betriebe geölt	cm) nach dreijährigem Betriebe geölt

takt durch zwei Schaltarme von beiden Seiten gut umfaßt und von vornherein eine beachtliche Verminderung des Kontaktwiderstandes erhalten wird. Jeder einzelne Schaltarm hat für sich mit dem Kontaktsegment einen gewissen Widerstand. Die Widerstände beider Schaltarme sind parallel geschaltet, aber gewöhnlich nicht gleich. Der Kombinationswiderstand $w = \dfrac{w1 \cdot w2}{w1 + w2}$ ist kleiner als der kleinste einzelne Widerstand. Bei einseitiger Kontaktgabe ist stets der ungünstigste Widerstand von den beiden parallel geschalteten Widerständen von Bedeutung, der im Vergleich zum Kombinationswiderstand bis zum fünffachen Wert ansteigen kann. Doppelte Kontaktgabe ist daher von großem Vorteil, um von vornherein einen kleinen Kontaktwiderstand zu erhalten.

Wenn auch größere Kontaktwiderstände durch die Wirkung des Frittstromes, wie gezeigt wurde, verkleinert werden, so entstehen doch bei Erschütterungen größere Geräusche bei einfacher als bei doppelter Kontaktgabe. Die beiden bei doppelter Kontaktgabe parallel geschalteten Schaltarme werden bei Erschütterungen nicht mit gleicher Frequenz und nicht in gleicher Phase schwingen, so daß ein Teil der Wirkung durch die Parallelschaltung aufgehoben wird. Bei einfacher Kontaktgabe kann dagegen die volle Schwingung des Kontaktarmes zur Wirkung kommen. So ist es zu erklären, daß bei einfacher Kontaktgabe und gleichen Kontaktwiderständen die Geräuschspannungen nach den früheren Untersuchungen etwa 2,5mal größer sind als bei doppelter Kontaktgabe.

Nach diesen Untersuchungen haben stärkere Frittströme unter gewissen Bedingungen bei größeren Kontaktwiderständen eine Verminderung der Widerstände zur Folge, was sehr günstig auf die Wählergeräusche zurückwirkt. Das Einsetzen der Wirkung des Frittstromes auf den Kontaktwiderstand ist etwas unbestimmt und streut bei verschiedenen Kontakten mit denselben Kontaktwiderständen um einen Mittelwert. Maßgebend für das Einsetzen der Widerstandsverminderung ist die am Kontakt zur Wirkung kommende Spannung, abhängig von der relativen Feuchtigkeit.

Durch diese Ergebnisse werden alle Erfahrungen der Praxis voll bestätigt und erklärt. Obwohl die LW einen größeren Frittstrom führen als die GW treten doch kleinere Wählergeräusche auf, weil ein hoher Kontaktwiderstand durch den Frittstrom herabgesetzt wird. Auf den Kontaktwiderstand hat auch die relative Feuchtigkeit einen beachtlichen Einfluß, denn große relative Feuchtigkeit setzt hohe Kontaktwiderstände ebenfalls herab. Ein Kontaktwiderstand bei 50 mA Frittstrom und 20% relativer Feuchtigkeit von etwa 5,5 Ohm wird bei 90% relativer Feuchtigkeit auf etwa 3 Ohm herabgesetzt; bei 1 mA Frittstrom mit 65% relativer Feuchtigkeit von etwa 40 Ohm bei 90% relativer Feuchtigkeit auf etwa 16 Ohm. In beiden Fällen werden die Geräuschspannungen auf etwa $1/3$ herabgesetzt, was mit den allgemeinen Erfahrungen der Praxis übereinstimmt.

Aus Abb. 47 ergibt sich, daß die Geräuschspannungen bei Motorwählern außerordentlich klein sind, bei großen Kontaktwiderständen etwa 1000mal kleiner als bei Hebdrehwählern, die nicht mehr wahrgenommen werden, so daß irgendwelche Maßnahmen zur Verhütung von Geräuschen nicht erforderlich sind. Motorwähler sind infolge ihrer elastischen Arbeitsweise praktisch vollkommen frei von Geräuschen, was äußerst wichtig ist.

Die elastische Arbeitsweise kann aus Abb. 48 ersehen werden. Der Weicheisenrotor des Motors treibt das Einstellglied über ein

Zwischenzahnrad derart an, daß eine Bewegung des Rotors um 90° von Pol zu Pol einem Schritt des Einstellgliedes von Kontakt zu Kontakt entspricht. Die Drehung des Motors wird, wie schon früher behandelt, durch wechselseitige Erregung und Aberregung

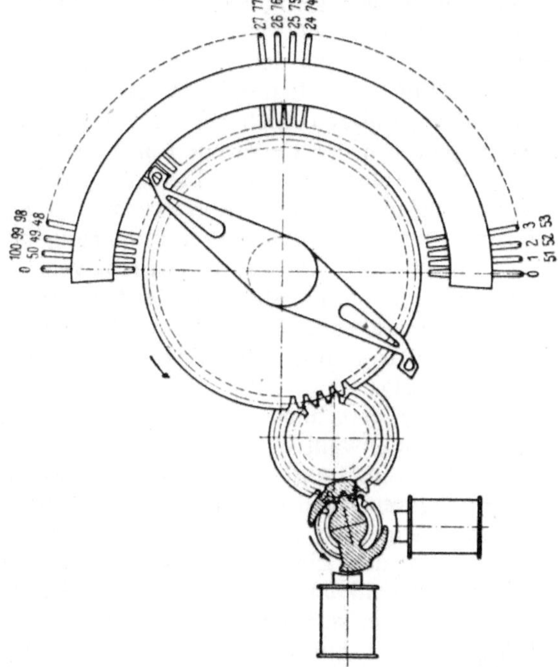

Abb. 48. Elastische Arbeitsweise des Motorwählers.

der beiden Magnete mittels eines Unterbrechers mit Selbststeuerung erreicht, die Stillsetzung durch Überbrückung des Unterbrechers und damit Aufrechterhaltung der Erregung der Magnete, wodurch der Rotor sofort in der dargestellten Lage festgehalten wird. Der Anlauf in 15 ms und die Stillsetzung in 2 ms erfolgen daher ohne harte Anschläge, sondern weich und elastisch durch magnetische Zugkräfte, so daß Erschütterungen vollkommen vermieden werden. Die Beanspruchung der Werkstoffe ist deshalb sehr gering, so daß die Abnutzung sehr klein ist. Die Zahnradübersetzung ist in der Praxis aber größer als in der Zeichnung dargestellt.

26. Der Betrieb und die Instandhaltung eines Motorwählersystems.

Ein Motorwählersystem zeigt gegenüber den bisher verwendeten Wählersystemen eine erhebliche Verbesserung des Betriebes und eine bedeutende Erleichterung und Vereinfachung der Instandhaltung. Der Betrieb wird verbessert durch schnelles und trotzdem

geräuscharmes Arbeiten der Wähler bei grundsätzlich neuer vollkommen elastischer Arbeitsweise unter Vermeidung irgendwelcher
harten Anschläge, wodurch nur geringe Raumgeräusche und keine
sogenannten Wählergeräusche entstehen, durch größere Sicherheit
bei der Stromstoßgabe infolge geringerer Wählerschaltzeiten, durch
größere freie Zwischenzeiten zwischen- den Stromstoßreihen und
deshalb größere Zeitsicherheit bei den vielen Schaltvorgängen innerhalb dieser Zwischenzeiten. Die Instandhaltung wird erleichtert und
vereinfacht durch die größeren Sicherheiten, durch die erst bei
größeren Abweichungen von der Regel ein Eingreifen des Personals
erforderlich wird, durch eine erheblich kleinere Zahl von Pflegestellen der Wähler, durch geringere Abnutzung und damit geringeren Ersatz verbrauchter Teile und durch Ersparung der Kontaktbankpflege, die durch die elastische Arbeitsweise nicht erforderlich ist. Die Instandhaltungskosten werden dadurch beachtlich verkleinert. Eine eingehende Betrachtung dieser Vorzüge wird
zur Beurteilung des Betriebes und der Instandhaltung eines Motorwählersystems zweckmäßig sein.

Ein Motorwähler arbeitet schnell mit etwa 160 bis 200 Schritten
je Sekunde bei der Dekadenwahl und mit etwa 80 Schritten bei der
Freiwahl.. Da die Fortschaltung des Einstellgliedes nicht durch
Stöße eines Elektromagneten schrittweise, sondern praktisch gleich-
förmig durch einen besonderen Motor erfolgt, wobei die Ingang-
setzung und Stillsetzung des Einstellgliedes trotz der großen Geschwindigkeit weich und vollkommen elastisch ohne harte Anschläge
vonstatten geht, was von der größten Wichtigkeit ist, so arbeitet der
Wähler sehr ruhig und mit nur geringen Raumgeräuschen. Trotzdem der Motorwähler bei der Nummernwahl wie ein Schrittwähler
arbeitet, so entstehen praktisch durch seine elastische Arbeitsweise
doch keine Erschütterungen und deshalb keine Beeinflussung der
Sprechkontakte anderer Wähler, so daß keine Wählergeräusche in
anderen Sprechverbindungen auftreten. Es ist vollkommen überraschend, wie trotz seines schnellen und schrittweisen, aber elastischen Arbeitens ein so ruhiger Lauf erreicht wird.

Die Einstellung und Steuerung der Motorwähler ist praktisch
unabhängig vom Stromstoßverhältnis der Nummernschalter. Es
kommt dabei nicht auf das Stromstoßverhältnis, sondern nur auf
geringste Strom- und Pausenzeiten an, die je nur 9 ms betragen.
Daher genügt es vollkommen, wenn diese Mindestzeiten mit einer
gewissen Sicherheit eingehalten werden. An den Nummernschaltern
könnten deshalb größere Abweichungen vom mittleren Stromstoßverhältnis als bisher zugelassen und die Instandhaltung der vielen
bei den Teilnehmern verstreuten Nummernschalter dadurch erleichtert werden. Während bisher als Abweichungen vom mittleren
Stromstoßverhältnis 1,3 : 1 bis 1,9 : 1 zugelassen sind, könnten bei
Motorwählern 1,2 : 1 bis 1,9 : 1 erlaubt werden, wobei die Sicherheiten der Stromstoßgabe noch größer als bisher sind. Die zulässigen Abweichungen von der mittleren Ablaufgeschwindigkeit

der Nummernschalter könnten außerdem ohne Nachteile von 0,9 bis
1,1 s auf 0,9 bis 1,2 s erweitert werden. Auf jeden Fall werden
erst viel später als bisher Fehler auftreten und ein Eingreifen des
Personals erforderlich machen.

Zwischen den Stromstoßreihen sind verhältnismäßig große freie
Zwischenzeiten vorhanden, so daß neben der Auswahl freier Leitungen aus großen Bündeln noch beliebige Umsteuer- oder Aus-
wahlvorgänge in dieser Zeit mit größerer Sicherheit als bisher
erfolgen können, wie Auswahl freier Querverbindungen im Um-
gehungs- oder Umwegverkehr, Auswahl verschiedener Richtungen
auf einem Leitungszweige mittels sogenannter Weichen, Umsteuern
auf andere Leitungsbündel usw. Im Motorwählersystem werden alle
diese besonderen Schaltvorgänge zwischen den Stromstoßreihen
durch die große Geschwindigkeit des Wählers wesentlich erleichtert, weil größere Zeiten dafür zur Verfügung stehen.

Der Motorwähler hat wenig Pflegestellen, die gepflegt und ge-
schmiert werden müssen und die der Abnutzung unterworfen sind.
Nur weniger als $\frac{1}{6}$ der Pflegestellen der bisherigen Wähler sind
zu warten, wodurch erheblich an Pflegearbeit gespart wird. Durch
das ruhige Arbeiten der Wähler ohne Schläge und Stöße ist die
Beanspruchung der Werkstoffe klein und treten keine Veränderungen
der Wählerteile und deren Einstellung auf. Es sind deshalb die
unvermeidbaren Abnutzungserscheinungen sehr gering, so daß eine
häufige Nachprüfung und Nachregelung der Wähler mit ihren Teilen
nicht erforderlich ist. Die Abnutzungserscheinungen an den Teilen
der Motorwähler sind so gering, daß etwa die siebenfache Lebensdauer gegenüber den Teilen der bisherigen Wähler besteht. Eine
Auswechselung verbrauchter Teile kommt daher nur in sehr geringem Umfange vor. Demzufolge hat sich in jahrelanger Praxis
ergeben, daß die Instandhaltungsarbeiten an Motorwählern nur
etwa $\frac{1}{6}$ bis $\frac{1}{10}$ derjenigen der bisherigen Wähler betragen. Dazu
können dann noch die Ersparnisse bei der Instandhaltung der
Nummernschalter, durch die erweiterten Abweichungen gerechnet
werden. Durch weitgehende optische und akustische Zeichengebung
für alle unregelmäßigen Vorgänge wird auch hier, wie bei den
gewöhnlichen Schrittschaltsystemen, die Überwachung des Betriebes
erleichtert. Verkehrsmessungen können an jeder beliebigen Stelle
ohne weiteres durchgeführt werden.

Die Störungsstelle, für die Eingrenzung und Beseitigung von
Störungen, kann zweckmäßig wie bei hochentwickelten Schrittwählersystemen ausgebildet werden. Unterämter besitzen dann keine
eigene Störungsstelle, sondern die Störungsstelle des Hauptamtes
übernimmt diese Aufgabe und nimmt auch die Störungsmeldungen
aus den Unterämtern entgegen, führt die erforderlichen Prüfungen
und Messungen durch und überwacht auch die Beseitigung der
Störungen. Die Motorwähler lassen sich besonders leicht durch
ihre Ausbaufähigkeit diesen Bedingungen anpassen, denn für diese

Zwecke werden Wähler mit einer größeren Anzahl von Kontaktarmen erforderlich.

Wie Prüfungen und Messungen in Unterämtern vom Hauptamt
aus gemacht werden können, so können auch solche Untersuchungen in großen Ämtern von anderen Ämtern ausgeführt werden.
Man kann daher eine Gruppe von Ämtern oder auch eine ganze
Anlage mit nur einer zentralen Störungsstelle ausrüsten, die die
Störungsmeldungen der Gruppe entgegennimmt, Prüfungen und
Messungen in den zugeordneten Ämtern durchführt und die Beseitigung der Störungen überwacht. Derartige zentrale Störungs-
stellen haben sich in der Praxis sehr bewährt, erleichtern und be-
schleunigen den Störungsdienst, verbessern den Betrieb und sind
recht wirtschaftlich.

Motorwähler bringen daher eine erhebliche Betriebsverbesserung
und eine bedeutende Erleichterung und Vereinfachung der Instandhaltung, so daß beachtliche Ersparnisse im Betriebe bei verbesserter
Betriebsgüte dadurch erreicht werden, wie es sich in der Praxis, in
jahrzehntelangem Betrieb schon ergeben hat. Die Motorwähler
besitzen neben ihrem weichen und elastischen Einzelantrieb der
Einstellglieder und der leichten Anpassungsfähigkeit an verschiedene Wählergrößen aber auch alle Vorteile der beweglichen und
unbegrenzt erweiterungsfähigen Schrittschaltwähler, da sie ja selber
Schrittschaltwähler sind. Die Einführung von Motorwählersystemen
ist daher auch aus diesen Gründen sehr zu empfehlen.

Zusammenfassung.

Motorwähler bedeuten einen großen technischen, wirtschaftlichen
und betrieblichen Fortschritt, einen wichtigen Markstein und damit
eine erhebliche Bereicherung der selbsttätigen Fernsprechtechnik.
Sie umfassen nicht nur alle Vorteile der einfachen Schrittschaltwähler, wie Einzelantrieb, unmittelbare Steuerung und unbegrenzte
Erweiterungsmöglichkeit, sondern haben darüber hinaus noch weitere
bedeutende Vorzüge, wie erschütterungsfreies Arbeiten, große Anpassungsfähigkeit, große Sicherheiten, große Geschwindigkeit und
trotzdem geringe Abnutzungen.

Durch das erschütterungsfreie Arbeiten der Wähler werden
Kontaktgeräusche grundsätzlich vermieden. Durch die Anpassungsfähigkeit der Wähler an alle Betriebsforderungen ergibt sich nicht
nur ein einheitlicher Aufbau im Orts- und Fernverkehr mit zwei-
und vierdrähtiger Durchschaltung, sondern auch bei der Zusammenfassung mehrerer Gruppen mit Spitzen- und Doppelbetriebswählern
ein sehr wirtschaftliches Wählersystem, in dem die Anlagekosten
und durch die sehr einfache Instandhaltung bei großen Sicherheiten
und geringen Störungszahlen auch die Betriebskosten erheblich
gesenkt werden können, wie es nachgewiesen wurde.

Motorwähler werden daher in der Zukunft eine bedeutende
Rolle in der Wählertechnik des Orts- und Fernverkehrs spielen.

Sachverzeichnis.

Verzeichnis der Abkürzungen.

AS	Anrufsucher
ASR	Anrufsucher für den Rückwärtsaufbau
CCIF	Comité Consultatif International Téléphonique
DF	Durchgangsfernamt
EF	Endfernamt
FGW	Ferngruppenwähler
FLW	Fernleitungswähler
Gr	Gruppe
GW	Gruppenwähler
LW	Leitungswähler
MW	Mischwähler
OFLW	Orts- und Fernleitungswähler
OLW	Ortsleitungswähler
R	Register
Ü	Übertragung
ÜS	Übertragungssucher
VE	Verkehrseinheiten
VF	Verteilerfernamt
VW	Vorwähler
WF	Weltfernamt